Márcia da Silva Martins

Lógica
Uma abordagem Introdutória

Lógica - Uma Abordagem Introdutória

Editor: Paulo André P. Marques
Produção Editorial: Aline Vieira Marques
Assistente Editorial: Amanda Lima da Costa
Capa: Cristina Satchko Hodge
Diagramação: Tatiana Neves
Copidesque: Nancy Juozapavicius

FICHA CATALOGRÁFICA

MARTINS, Márcia da Silva.

Lógica - Uma Abordagem Introdutória

Rio de Janeiro: Editora Ciência Moderna Ltda., 2012.

1. Lógica Matemática
I — Título

ISBN: 978-85-399-0255-2 CDD 510.3

Editora Ciência Moderna Ltda.
R. Alice Figueiredo, 46 – Riachuelo
Rio de Janeiro, RJ – Brasil CEP: 20.950-150
Tel: (21) 2201-6662/ Fax: (21) 2201-6896
E-MAIL: LCM@LCM.COM.BR
WWW.LCM.COM.BR

04/12

Para Miguel & Vítor

Meus fiéis companheiros
desta jornada chamada vida

Prefácio

A lógica é usualmente ensinada nos cursos de Filosofia, Matemática, Ciência da Computação, Sistemas de Informação, entre outros.

Recentemente essa disciplina vem ocupando significativo espaço nos concursos para uma diversidade de instituições governamentais e privadas, para diferentes níveis de escolaridade.

O estudo do raciocínio lógico ganhou espaço tornando-se indispensável a uma boa formação em variadas áreas.

Motivada por tais fatores e pelo desejo de dar corpo às notas de aulas que venho preparando, lapidando e utilizando ao longo dos anos, decidi por organizá-las de forma sistemática e didática para o leitor que busca uma iniciação em Lógica.

O foco do trabalho é a noção de *consequência lógica* que vige entre premissas e conclusão de argumentos, noção crucial no âmbito da Lógica.

Trata-se de um livro introdutório que apresenta a Lógica Sentencial Clássica, também chamada de Lógica Proposicional, em três etapas: uma linguagem formal, o aparato semântico e o aparato dedutivo, a saber: Sistema Axiomático, Sistema de Dedução Natural, Sistema de Tableaux Semânticos e Sistema de Resolução, Também apresenta a Lógica de Predicados de Primeira Ordem em três etapas: sintaxe, semântica e o Sistema Dedutivo de Tableaux Semânticos.

O livro contém muitos exemplos e exercícios elaborados ao longo dos vinte e oito anos de exercício do magistério, de modo a estimular o leitor a se debruçar sobre os tópicos abordados, sem contudo, se tornar uma atividade enfadonha.

Ao realizar os exercícios propostos, lembre-se que, segundo Lichtenberg, o que se é obrigado a descobrir por si próprio deixa um caminho na mente que se pode percorrer novamente sempre que se tiver necessidade.

A autora

Agradeço pelo incentivo incondicional,

aos meus pais Armando (in memoriam) e Nilce,
ao meu marido Miguel e a meu filho Vítor, aos meus irmãos
e à minha família no sentido amplo, aos professores e alunos do
Instituto de Matemática e Estatística da UFF,
a Doris Aragon (in memoriam), Ilka Dias de Castro, Rosa Baldi,
Cicero Mauro Fialho Rodrigues, Paulo Alcoforado, Ana Isabel Spinola,
Jorge Petrúcio Viana, Marisa Ortegoza, Renata Pereira de Freitas,
Valéria Zuma Medeiros, Haroldo Belo, Paulo Trales, Roberto Zaremba Bezerra,
Wanderley Moura Rezende, Jorge Bria e a tantos outros amigos que, cada qual
com seu modo particular de ser, enriquecem o meu caminhar.

Gostaria também de agradecer a Juliana Bravin pelo trabalho de ilustrações, e à Editora Ciência Moderna pelo acolhimento do presente projeto.

Márcia da Silva Martins

Sumário

Capítulo 1
Lógica

'A Ciência, pelo caminho da exatidão só tem dois olhos:
a Matemática e a Lógica'.
De Morgan

Algumas palavras iniciais

A palavra 'lógica' é utilizada em diversas acepções. No cotidiano, por exemplo, é comum fazer-se uso dela para sugerir obviedade, evidência, etc. Porém, no presente texto, 'lógica' será entendida como um campo de estudo.

Lógica, linguagem, argumentação, são palavras extremamente interligadas, visto que nos fazemos entender, defendemos nossos pontos de vista, justificamos teorias através do recurso à linguagem, oral ou escrita.

Compreendemos uns aos outros e nos fazemos entender, através do discurso.

Então, poderíamos pensar em definir a lógica como a área do conhecimento que tem como objeto de estudo o discurso. Porém, se assim fosse, qual seria a função de outros domínios do conhecimento tais como a geografia, a física, a história, etc? Estes também estão comprometidos com o discurso.

O lógico, contudo, se ocupa da coerência do discurso sem levar em conta o tema sobre o qual esse versa. O ponto central desta questão está na distinção entre verdade lógica e verdade factual. Uma verdade lógica é sustentada em virtude da sua forma, mas não em decorrência do conteúdo por ela expresso. Por exemplo, a afirmação 'João está vivo ou João não está vivo' é tida como uma verdade lógica. Ela será sempre verdadeira, independente de quem seja João ou do que seja estar vivo. Enquanto que uma verdade factual decorre do fato por ela expresso, como por exemplo: João foi presidente do País.

Poderíamos dizer que os profissionais de outros ramos distintos da lógica estão realmente comprometidos com a coerência de seus discursos, porém tal coerência decorre diretamente do objeto de estudo concernente a cada profissão. Por exemplo, aos geógrafos cabe a tarefa de enunciar afirmações verdadeiras sobre aspectos geográficos, tais como, por exemplo, as implicações decorrentes da movimentação das placas tectônicas, etc.

Ao lógico, está delegada a tarefa de investigar o fator determinante da coerência do discurso, das argumentações, independente do tema sobre o qual esses façam referência.

Os lógicos, então, engendraram linguagens artificiais, com o intuito de realizar a abstração do conteúdo dos discursos, e colocar em relevo a forma destes para que as relações intrínsecas pudessem ser investigadas, livres da sobrecargas das informações não essenciais a esse tipo de análise.

As linguagem artificiais construídas com esse fim são usualmente chamadas de *linguagens formais*.

Frente a isso, faz sentido dizer que a lógica se ocupa das *verdades formais*.

Argumentos

Para propósitos de iniciarmos nalgum ponto, poderíamos dizer que a Lógica, enquanto domínio do conhecimento.. tem como objeto de estudo e investigação a validade de **argumentos**.

Por **argumento** queremos significar a explicitação de um raciocínio em alguma linguagem.

Usualmente, na explicitação de um raciocínio, uma ou mais proposições são enunciadas para justificar, ou fornecer subsídios para outra proposição.

A explicitação do raciocínio em uma determinada linguagem dá origem a um objeto linguístico conhecido pelo nome de **argumento,** que é constituído de sentenças, dentre as quais uma delas é chamada **conclusão** e as demais **premissas.**

Por exemplo, nos argumentos (i) e (ii) que se seguem, a proposição: João será campeão; é expressa pelas respectivas conclusões. Vejamos:

(i) Se João vencer o último jogo, então será campeão.
João venceu o último jogo.
Logo, João será campeão.

(ii) John will be the champion, if he wins the last game.
John won the last game.
Then, John will be the champion.

Embora 'João será campeão' e 'John will be the champion' sejam sentenças distintas, expressam a mesma proposição.

Segundo Irving Copi, é necessário distinguir as sentenças das proposições para cuja afirmação elas podem ser usadas. Duas sentenças (ou orações declarativas) que constituem claramente duas orações distintas, porque consistem de diferentes palavras, dispostas de modo diferente, podem ter o mesmo significado, no mesmo contexto, e expressar a mesma proposição.

É o caso, por exemplos das duas seguintes sentenças: (a) A fábrica foi invadida pelos operários, e (b) Os operários invadiram a fábrica.

'A diferença entre sentenças, i.é.,orações declarativas, e proposições é evidenciada ao observar que uma oração declarativa faz parte de uma linguagem determinada, a linguagem em que ela é enunciada, ao passo que as proposições não são peculiares a nenhuma das linguagens em que podem ser expressas.'

As três sentenças que se seguem são diferentes, embora expressem a mesma proposição: (c) Eu te amo; (d) I love you e (e) Je t´aime.

Copi também afirma que os termos 'proposição' e 'enunciado' não são sinônimos, mas no contexto da investigação lógica, são usados numa acepção quase idêntica.

Cabe observar que uma mesma sentença pode desempenhar o papel de premissa em um dado argumento e de conclusão em outro. Por exemplo, a sentença 'João será campeão' que figura como conclusão em (i), desempenha o papel de premissa em (iii):

(iii) João será campeão.
Se João for campeão, então será condecorado.
Logo, João será condecorado.

Em alguns argumentos, a conclusão vem precedida de uma palavra conclusiva tal como 'logo', 'portanto', 'consequentemente', etc., conforme ilustra o exemplo abaixo.

Exemplo:

A condição necessária para que João seja admitido na empresa, é que ele obtenha média superior a sete no concurso, porém sua média foi inferior a sete. Logo, ele não foi admitido.

Em outros argumentos, a conclusão vem seguida de uma palavra explicativa tal como 'pois', 'porque', etc., conforme ilustra o exemplo abaixo:

Exemplo:

Eu não fui viajar, pois só iria caso meu salário tivesse sido aumentado, mas isso não aconteceu.

É no âmbito da lógica que se estuda o fator determinante da validade de um argumento. Em tal contexto investigam-se as relações que subsistem entre premissas e conclusão para que se possa classificar os argumentos como válidos ou inválidos.

Validade de Argumentos

Os argumentos **válidos** são aqueles em que a verdade das premissas garante a verdade da conclusão; ou em outras palavras, são aqueles em que, ao admitirmos que as premissas sejam simultaneamente verdadeiras, então a conclusão será verdadeira. Outra formulação similar a essas duas é: um argumento será válido se for impossível que sua conclusão seja falsa, sempre que suas premissas sejam admitidas verdadeiras.

Vejamos os seguintes exemplos:

Exemplo1: O argumento abaixo é válido.

Eu não fui viajar, pois só iria caso meu salário tivesse sido aumentado, porém isso não aconteceu.

Exemplo 2: O argumento abaixo é válido.

A condição necessária para que o João seja admitido na empresa, é que ele obtenha média superior a sete no concurso, porém isso não aconteceu. Logo, ele não foi admitido.

Exemplo 3: O argumento abaixo é inválido.

Maria vai à missa apenas aos domingos. Hoje é domingo. Logo, Maria foi à missa hoje.

Trata-se de um argumento inválido, visto que é possível que hoje seja domingo sem que, contudo, Maria tenha ido à missa.

O que uma das premissas assegura é que só aos domingos Maria vai à missa. Ela não assegura que Maria vai à missa todos os domingos.

Exercícios Propostos

1) Tente reescrever os argumentos que figuram nos exemplos 1, 2 e 3, parafraseando-os.

2) Quantas premissas possuem cada um dos referidos argumentos e quais são elas?

Relações entre premissas e conclusão

A validade pode ser encarada como uma relação que vige entre premissas e conclusão.

Há outro tipo de relação que se dá entre premissas e conclusão de argumentos que é igualmente importante no âmbito da Lógica: é a relação de dedutibilidade.

Diz-se que a conclusão de um argumento é dedutível do conjunto de premissas do argumento se pudermos extrair a conclusão das premissas a partir de um número finito de aplicações de certas regras anteriormente explicitadas.

Existe relação entre os conceitos de validade e de dedutibilidade. É usual chamar-se a relação de dedutibilidade de **relação de consequência sintática**.

Ao longo do texto será abordada a relação que subsiste entre consequência semântica e consequência sintática.

Argumento Correto

Um **Argumento correto** é um argumento válido cujas premissas são verdadeiras.

Exemplo: O argumento abaixo é correto.

> 3 é um número par ou primo. 3 não é um número par. Logo, 3 é um número primo.

Atenção, pois existem argumentos que embora premissas e conclusão sejam verdadeiras, são inválidos e assim sendo não são corretos, conforme ilustra o exemplo a seguir:

Apenas números reais são racionais.
Dois é um número racional.
Logo, dois é um número real.

Argumento Dedutivo x Argumento Indutivo

A diferença entre argumentos dedutivos e argumentos indutivos está diretamente ligada ao grau de garantia que as premissas fornecem a conclusão.

Tal diferença não confere a um tipo ou ao outro a qualificação de ser um bom ou um mau argumento.

A conclusão dos argumentos dedutivos válidos nunca contém mais informações do que as contidas nas premissas. As premissas dos argumentos dedutivos válidos garantem em 100% a verdade da conclusão, enquanto que isto não se dá com os argumentos indutivos. Nesses, há sempre um grau de incerteza de que a conclusão segue-se das premissas. Há apenas uma probabilidade de que a conclusão decorra das premissas.

Exemplos:

(i) Argumento Dedutivo Válido
Todos os pássaros voam.
Piu é um pássaro.
Logo, Piu voa

(ii) Argumento Indutivo
Todos os animais examinados até o momento não contraíram o vírus.
Logo, o próximo animal a ser examinado não contraiu o vírus.

Falácia

É um argumento inválido que parece válido. Do ponto de vista estritamente lógico, não há qualquer distinção entre argumentos inválidos que são enganadores porque parecem válidos, e argumentos inválidos que não são enganadores porque não parecem válidos. Mas essa distinção é relevante, visto que são as falácias que são especialmente enganosas. Os argumentos inválidos cuja invalidade é evidente não são enganadores e, se todos os argumentos inválidos fossem assim, não seria necessário estudar lógica para saber evitar erros de argumentação. Mostra-se que um argumento é falacioso, mostrando que é possível, ou provável que suas premissas sejam verdadeiras, porém sua conclusão seja falsa.

Exemplo:

Apenas homens casados têm filhos.
João é um homem casado.
Logo, João tem filhos.

A Lógica na atualidade

Há uma grande variedade de *Lógicas*, cada qual engendrada com um determinado fim.

Lógica Clássica

Caracteriza-se por respeitar três princípios basilares:

(i) Princípio da identidade

(ii) Princípio do terceiro-excluído

(iii) Princípio da não contradição

Segundo (i), (ii) e (ii), nessa lógica qualquer sentença implica a si mesma; qualquer sentença é verdadeira ou falsa, não restando uma terceira possibilidade; e nenhuma sentença é verdadeira e falsa simultaneamente.

O núcleo da Lógica Clássica é chamado de '*Lógica Sentencial*' (LS) e é nesse âmbito que se estudam as sentenças e as formas de combinar sentenças a partir de certas partículas chamadas *conectivos lógicos* – 'não', 'e', 'ou', 'se,...então' e 'se e somente se'. Tais conectivos são chamados conectivos por *função-de-verdade*, em virtude da maneira como são definidos: como funções.

No campo rotulado por LS, são apresentadas técnicas de testar e classificar como válidos ou inválidos argumentos cuja validade (ou invalidade) decorre essencialmente da presença dos conectivos acima citados.

As Extensões da Lógica Clássica

Se caracterizam por (i) estender o arcabouço da Lógica Clássica, introduzindo conectivos, distintos dos conectivos por função-de-verdade, e (ii) obedecer os princípios basilares da LS.

São exemplos: Lógicas Modais, Lógica Epistêmica, Lógica Deôntica.

Desvios da Lógica Clássica: Lógicas Heterodoxas

Estas são chamadas 'Lógicas Rivais' ou 'Lógicas Heterodoxas' e se caracterizam por derrogarem algum dos princípios basilares da Lógica Clássica.

São exemplos:

Lógica Paraconsistente - Inclui-se entre as chamadas lógicas não-clássicas heterodoxas, por derrogar o princípio da contradição. Segundo a Lógica Paraconsistente, uma sentença e a sua negação podem ser ambas verdadeiras. Um dos mais importantes nomes da Lógica Paraconsistente é o brasileiro Newton C. A. da Costa, considerado seu criador. As teorias do lógico brasileiro são de grande importância para diversas áreas, além da matemática, filosofia e computação.

Lógica intuicionista, ou **lógica construtivista**, é o sistema de lógica simbólica desenvolvido por Arend Heyting para prover uma base formal para o intuicionismo de Brouwer. 'A lógica intuicionista é normalmente conhecida, grosso modo, como a lógica não-clássica que rejeita o princípio do terceiro excluído. Entretanto, sua principal motivação surgiu no âmbito matemático e estava fortemente relacionada com questões relativas ao conceito de infinito.'

Lógicas Polivalentes - Em 1920, Jan Lukasiewicz concebeu a ideia de usar um sistema de lógica trivalente para dar conta de afirmações a respeito do futuro (os chamados *futuros* contingentes, *de Aristóteles)*.

Lógica Paracompleta - Uma dada lógica ou sistema lógico é dita **paracompleta** quando ela não adota a lei do terceiro excluído. Na mesma pode acontecer de tanto uma fórmula quanto a sua negação serem ambas falsas.

Lógica Fuzzy ou Difusa – Em 1965 o Prof. Lotfi Zadeh, U.C Berkeley, apresenta os conceitos fundamentais da Lógica Fuzzy. A Lógica *Fuzzy* ou Lógica Difusa diferente da Lógica Clássica, que apenas permite a classificação de Verdadeiro ou Falso, é capaz de atribuir valores lógicos intermediários. Trabalhar em uma lógica que permite classificar dados ou informações vagas, imprecisas e ambíguas, abre muitas possibilidades de desenvolver soluções para problemas que envolvem muitas variáveis.

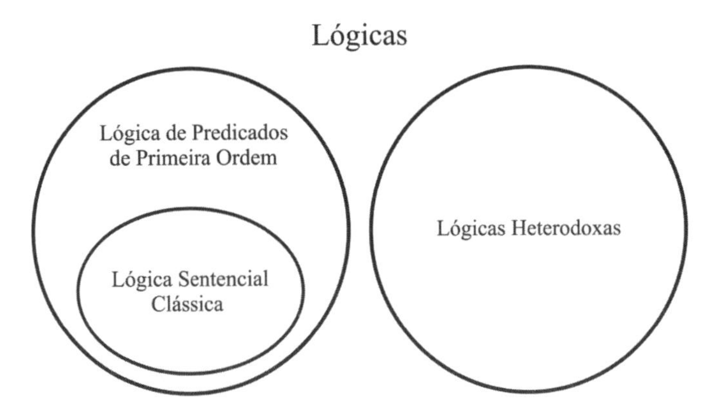

Capítulo 2
Um Breve Histórico

'A questão primordial não é o que sabemos, mas como sabemos.'
Aristóteles

Aristóteles

O filósofo grego Aristóteles (384-322 a.C.) é considerado o primeiro a sistematizar o que viria a se chamar 'Lógica'. e seus escritos encontram-se reunidos em uma obra coletiva conhecida sob o nome de *Organon*. O sistema que ele desenvolveu recebeu a denominação de 'Lógica dos termos' que vem a ser um fragmento da Lógica dos Predicados. Mais tarde, os estóicos, que constituem uma importante escola filosófica, vieram a desenvolver outro sistema lógico que recebem séculos depois, o nome de 'Cálculo Sentencial'.

A história da Lógica não teve um desenvolvimento gradual desde Aristóteles até os tempos modernos.

Leibniz

No século XVII surge a figura excepcional de Leibniz (1646-1716), mas cujas obras foram, em sua maioria, publicadas muito depois de sua morte e assim, sua influência só se fez sentir muito mais tarde.

George Boole

O início de uma nova era na história da Lógica se dá quando George Boole publica seu livro *Análise Matemática da Lógica* (1847) que constitui uma síntese, por assim dizer, do formalismo aristotélico com o sistema leibniziano. Anos mais tarde surge o matemático e filósofo alemão Gottlob Frege.

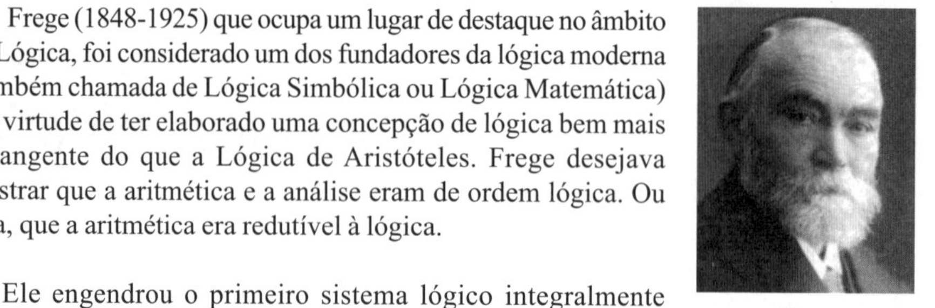

Frege (1848-1925) que ocupa um lugar de destaque no âmbito da Lógica, foi considerado um dos fundadores da lógica moderna (também chamada de Lógica Simbólica ou Lógica Matemática) em virtude de ter elaborado uma concepção de lógica bem mais abrangente do que a Lógica de Aristóteles. Frege desejava mostrar que a aritmética e a análise eram de ordem lógica. Ou seja, que a aritmética era redutível à lógica.

Frege

Ele engendrou o primeiro sistema lógico integralmente formalizado. Tal sistema consistia de um sistema lógico inserido em outro maior. O menor chamado de Lógica Sentencial – LS – também conhecido por Lógica Proposicional, usava letras no lugar de sentenças atômicas (sentenças indivisíveis, as quais conectavam através de duas partículas lógicas: 'não', e 'se...então'.

O sistema maior chamado de Lógica de Predicados de Primeira Ordem, também conhecida por Lógica Quantificacional, abarcava a Lógica Sentencial e substituía a noção de sentença do tipo sujeito-predicado pela noção de função e como quantificação se utilizava do 'todo'.

Duas de suas mais importantes obras são assim intituladas: Begriffsschrift (Conceitografia) e Grundgesetze der Arithmetik (Leis Fundamentais da Aritmética) onde ele procura validar uma doutrina filosófica chamada ',Logicismo'.

O Logicismo é a doutrina segundo a qual conceitos matemáticos podem ser definidos em termos de conceitos puramente lógicos e os axiomas da Matemática podem ser derivados de leis estritamente lógicas.

Russel

A teoria de Frege, contudo dá origem ao paradoxo de Russell (1872–1970), i.e., uma inconsistência que ocorre quando um conjunto possui a si próprio como um membro. Russell descobriu que dentro do sistema de Frege era possível criar um conjunto contendo todos os conjuntos que não possuíam a si mesmo como membro. O problema em pauta é que se um conjunto possui a si próprio como elemento, então não possui a si próprio como elemento, e vice-versa. Tal inconsistência passou a ser chamada de Paradoxo de Russell.

Um ***paradoxo*** é um enunciado aparentemente verdadeiro que leva a uma contradição lógica

Eis o exemplo de um *paradoxo* simples e interessante:

A afirmação abaixo é verdadeira.
A afirmação acima é falsa.

Temos também um paradoxo na seguinte situação:

> Em um certo quartel havia um barbeiro que reunia as duas condições: 1) Faz a barba de todo aquele que não barbeia a si próprio; e ainda 2) Só faz a barba de quem não barbeia a si próprio.

O paradoxo emerge quando tentamos saber se o barbeiro faz sua própria barba ou não. Se fizer a própria barba, não pode barbear a si próprio, para não violar a condição 2; mas se não fizer a barba a si próprio, então tem que fazer a barba a si próprio, pois essa é a condição 1.

Bertrand Russell e Alfred N. Whitehead (1861-1947) escreveram uma das obras mais importantes do século XX: os 'Principia Matemática', que contribuiu fortemente para o futuro desenvolvimento da Lógica.

Whitehead

Gödel

O período que tem inicio em 1910, pode talvez ser dividido em duas fases: uma caracteriza-se essencialmente pelo aparecimento da metalógica, abordada de formas variadas por Hilbert (1862-1943) e por Leopold Löwenheim (1878-1957) e Thoralf Albert Skolem (1887-1963). A outra fase traz uma sistematização da metalógica, a saber: a metodologia de Alfred Tarski, (1901-1983), a sintaxe de Rudolph Carnap (1891-1970). e alguns sistemas nos quais são combinados resultados da Lógica e da Metalógica, como os de Gödel e do próprio Tarski. Pertencem também a este período estudos devidos a Gerhard Gentzen (1909 - 1945) e Stanislaw Jaskowsi (1906-1965)

Hilbert

Tarski

Carnap

Gentzen

Jaskowsi

Dentre os lógicos, cabe, também destacar Kurt Gödel (1906-1978) que elaborou a primeira demonstração da completude da Lógica Elementar e da Incompletude de sistemas mais complexos, como a impossibilidade da existência de um sistema axiomático para Aritmética usual.

Na atualidade, a lógica não está, como esteve por volta de em 1930 repartida em três correntes distintas: o Logicismo, de Russell. O Intuicionismo, de Brouwer (1881-1966), e o formalismo, de Hilbert. Hoje, variadas correntes surgem e não é possível precisar a amplitude da lógica dada a grande variedade de temas que este rótulo abarca.

Algumas reflexões

Você já procurou num dicionário o significado da palavra 'lógica'?

Pois bem, abaixo segue o texto extraído do dicionário AURÉLIO:

> [Do grego logiké, pelo latim logica] 1. Filos. Na tradição clássica, aristotélica-tomista, conjunto de estudos que visam a determinar os processos intelectuais que são condição geral do conhecimento verdadeiro. [distinguem-se a lógica formal e a lógica material.] 2. Filos. Conjunto de estudos tendentes a expressar em linguagem matemática as estruturas e operações do pensamento, deduzindo-as de um número reduzido de axiomas, com a intenção de criar uma linguagem rigorosa, adequada ao pensamento científico tal como o concebe a tradição empírico-positivista; lógica simbólica. 3. Filos. Conjunto de estudos originados no hegelianismo, que têm por fim determinar categorias racionais válidas para a apreensão da realidade concebida como uma totalidade em permanente transformação; lógica dialética. [São categorias dessa lógica a contradição, a totalidade, a ação recíproca, a síntese, etc.] 4. Tratado ou compêndio de lógica. 5. Exemplar de um desses tratados ou compêndios. 6. Coerência de raciocínio, de ideias. 7. Maneira de raciocinar particular a um indivíduo ou a um grupo: a lógica da criança; a lógica do primitivo; a lógica do louco. 8. Fig. Sequência coerente, regular e necessária de acontecimentos, de coisas [confira logica, do v. logicar] Lógica Dialética. Filos. Lógica (3). Lógica Formal. Filos. 1. Na tradição clássica, o estudo das formas (conceitos juízos e raciocínios) e leis do pensamento. 2 Na tradição empirista e positivista o estudo da estrutura das proposições e das operações pelas quais, com base nessa estrutura, se deduzem conclusões. Lógica material. Filos. Estudo da relação entre as formas e

> leis do pensamento e a verdade, i.e., estudo das operações do pensamento que conduzem a conhecimentos verdadeiros. [Cf. lógica transcendental.] Lógica simbólica. Filos. Lógica (2). Lógica transcendental. Filos. Segundo Kant [ver Kantismo] ciência do entendimento puro e do conhecimento racional, pela qual se determinam os conceitos que se relacionam aos objetos independentemente da experiência, e anteriormente a ela [Cf. lógica material]

Isso posto, cabe indagar:

Você já reparou o quanto nosso cotidiano é permeado de raciocínio lógico, como sugerem as seguintes situações?

(1) Observando as propagandas que estão presentes nos outdoors, na TV, na internet, etc., como:

> Não se deixe enganar pelo preço dos shampoos, pois as propagandas disseminam a seguinte ideia: de que apenas shampoos caros são bons, porém os shampoos da marca *Beautiful Hairs* são vendidos a preços módicos e proporcionam mais brilho, volume e maciez aos cabelos do que qualquer outro.

(2) Fazendo planejamento de atividades, como:

> Vou de carro ou de ônibus, mas não deixarei de ir porque já faltei à primeira prova e se faltar à segunda, serei reprovado.

(3) Argumentando com o seu chefe sobre a possibilidade de receber um aumento no salário em função de um aumento da carga horária de trabalho, como:

> Sr. Arnaldo, quem faz hora extra recebe uma gratificação e eu tenho trabalhado duas horas a mais do que foi acordado entre mim e a sua empresa. Logo, eu estou merecendo uma gratificação.

(4) Escolhendo dentre várias marcas de carros, a que você deseja comprar para seu deleite, como:

> Quero um carro confortável e dos carros que vi fiquei em dúvida entre o Sandero e o Palio, mas o Palio é desconfortável. Logo, vou comprar o Sandero.

(5) Preparando as suas aulas para lecionar em uma escola ou universidade, como, por exemplo:

> Eu me faria entender, se tivesse dado tempo de explicar todo o conteúdo planejado para a primeira aula, porém não me fiz entender. Logo, não deu tempo de cumprir o planejado.

(6) Explicando à sua mãe as vantagens de dormir na casa de uma amiga, após uma festa que acabará tarde da noite, etc., como, por exemplo:

> Mãe, as ruas ficam ermas, e consequentemente perigosas de madrugada e a festa terminara lá pelas 2 horas da manhã, logo é preferível que eu durma na casa de Adelaide para não correr riscos.

O raciocínio lógico perpassa todos os exemplos acima. Mesmo que não estejamos com o foco na lógica, ela está presente subjacentemente em nossas argumentações.

Capítulo 3
Lógica Sentencial - Sintaxe

'Não é paradoxo dizer que em nossos momentos mais teóricos podemos estar mais próximos de nossas aplicações mais práticas.'
A.N. Whitehead

A Lógica Sentencial (LS), também chamada de Lógica Proposicional, é a parte da lógica que aborda questões concernentes a sentenças e à maneira de combinar sentenças a partir das partículas 'não', 'e', 'ou', 'se...então' e 'se e somente se', chamadas conectivos lógicos.

Sentenças são expressões de uma dada linguagem que são verdadeiras ou falsas de maneira exclusiva em um dado contexto.

São exemplos de sentenças da língua portuguesa:

a) Ipanema é um bairro da cidade do Rio de Janeiro.
b) Ipanema é um bairro da cidade de São Paulo.

As expressões interrogativas, imperativas e exclamativas das linguagens naturais (língua portuguesa, língua inglesa, etc.) **não** são sentenças, visto que tais expressões não são verdadeiras e nem falsas. Também **não** são consideradas sentenças expressões que são utilizadas para nomear ou designar objetos, indivíduos, etc.

São exemplos de expressões da língua portuguesa que não são sentenças:

a) A que horas será realizada a entrevista?
b) Abram o livro na página quinze.
c) Que bela obra de arte!
d) João
e) ela

f) Vinte e cinco
g) O pai de Pedro
h) O aluno mais novo da classe.

Chamamos de **proposição** a informação expressa por uma sentença.

Por exemplo, as expressões (i) Bruno comprou o apartamento 201; e (ii) O apartamento 201 foi comprado por Bruno, são sentenças distintas que expressam a mesma proposição.

As sentenças são entes linguísticos que exprimem informações, fatos. Em outras palavras, as proposições são expressas ou representadas nas linguagens através das sentenças.

As **Sentenças Simples** ou **Atômicas** são as sentenças nas quais não há ocorrência de nenhuma das cinco partículas: 'não', 'e' , 'ou' , 'se...então', e 'se e somente se'.

São exemplos de Sentenças Simples:

a) A Lógica é um ramo do conhecimento.
b) O Brasil é um país tropical.
c) Oscar é jogador de futebol.

As Sentenças Simples são consideradas unidades básicas do discurso. A partir da combinação destas por intermédio dos conectivos lógicos constroem-se sentenças mais complexas chamadas **Sentenças Compostas** ou **Moleculares**.

Uma sentença é dita **Composta** ou **Molecular** se possui ocorrência de pelo menos um dos conectivos lógicos: 'não', 'e', 'ou', 'se... então' e 'se e somente se'.

São exemplos de Sentenças Compostas:

a) João é professor e pesquisador.
b) João ou Lúcio foi demitido, mas não ambos.

As Sentenças Compostas são classificadas quanto ao TIPO: **Negação, Conjunção, Disjunção, Implicação** e **Bi-implicação.**

Admitindo-se que as letras do alfabeto latino A, B e C representem sentenças, diremos que:

(1) A será dita uma **NEGAÇÃO** se **A** for da forma **'não é o caso que B'**, onde B é uma sentença qualquer, simples ou atômica.

Por exemplo, a sentença:

Lúcia não é professora de Álgebra.

é uma sentença molecular do tipo NEGAÇÃO. Trata-se da sentença:

Não é o caso que Lúcia seja professora de Álgebra.

(2) A será dita uma **CONJUNÇÃO** se **A** for da forma **'B e C'**, onde B é uma sentença qualquer e C uma sentença qualquer.

Por exemplo, a sentença:

Lúcia é professora de Álgebra e de Lógica.

é uma sentença molecular do tipo CONJUNÇÃO. Trata-se da sentença:

Lúcia é professora de Álgebra e Lúcia é professora de Lógica.

(3) A será dita uma **DISJUNÇÃO** se **A** for da forma **'B ou C'**, onde B é uma sentença qualquer e C uma sentença qualquer.

Por exemplo, a sentença:

Lúcia é professora de Álgebra ou de Lógica.

é uma sentença molecular do tipo DISJUNÇÃO. Trata-se da sentença:

Lúcia é professora de Álgebra ou Lúcia é professora de Lógica.

(4) A será dita uma **IMPLICAÇÃO** se **A** for da forma **'Se B, então C'**, onde B é uma sentença qualquer e C uma sentença qualquer.

Por exemplo, a sentença:

Se Lúcia é professora de Álgebra, então é professora de Lógica.

é uma sentença molecular do tipo IMPLICAÇÃO. Trata-se da sentença:

Se Lúcia é professora de Álgebra, então Lúcia é professora de Lógica.

(5) **A** será dita uma **BIIMPLICAÇÃO** se **A** for da forma **'B se e somente se C'**, onde B é uma sentença qualquer e C uma sentença qualquer.

Por exemplo, a sentença:

Lúcia é professora de Álgebra se e somente se é professora de Lógica.

é uma sentença molecular do tipo IMPLICAÇÃO. Trata-se da sentença:

Lúcia é professora de Álgebra se e somente se Lúcia é professora de Lógica.

Em uma IMPLICAÇÃO a sentença que precede a palavra 'então' é chamada de **ANTECEDENTE** da implicação e a sentença que sucede a palavra 'então' é chamada de **CONSEQUENTE** da implicação. Assim, na implicação **'Se B, então C'**, **B** é o antecedente e **C** o consequente.

Os Conectivos Lógicos são usualmente representados simbolicamente pelos seguintes sinais:

Conectivo Lógico	Simbolização
não	$\sim$
e	$\wedge$
ou	$\vee$
se ... então	$\rightarrow$
se e somente se	$\leftrightarrow$

O **Peso** ou **Paridade** de um conectivo * é o número de sentenças necessárias para formar uma nova sentença a partir de *.

Conectivo Lógico	Peso do Conectivo
$\sim$	1
$\wedge$	2
$\vee$	2
$\rightarrow$	2
$\leftrightarrow$	2

Admitindo-se que **A** e **B** representem sentenças quaisquer, o quadro a seguir exibe uma representação simbólica de sentenças compostas construídas a partir de **A** e **B** por meio dos conectivos lógicos:

	Representação Simbólica
a negação de **A**	**~A**
a conjunção de **A** e **B**	**(A∧B)**
a disjunção de **A** e **B**	**(A∨B)**
a implicação de **A** e **B**	**(A→B)**
a bi-implicação de **A** e **B**	**(A↔B)**

Os sinais de abre parêntese e fecha parêntese são sinais de pontuação utilizados para demarcar os componentes de cada sentença molecular. Tais sinais desempenham papel análogo ao papel desempenhado pela vírgula e pelo ponto nas linguagens naturais.

De maneira geral, uma **linguagem** é descrita a partir (i) da apresentação de seu **alfabeto**, ou seja, do conjunto de símbolos a partir dos quais são construídas as suas expressões e (ii) da apresentação das **regras de formação das expressões**, ou seja, das regras que descrevem de que maneira os símbolos do alfabeto devem ser concatenados para formar as expressões da linguagem.

Exercícios Propostos

1) Dê exemplo de uma sentença da língua portuguesa que seja:

a) uma negação
b) uma conjunção
c) uma disjunção
d) uma implicação
e) uma bi-implicação
f) uma implicação cujo antecedente seja uma conjunção e cujo consequente seja uma disjunção.

Algumas curiosidades sobre o uso dos conectivos nas línguas naturais.

Você já parou para observar que em certos contextos, partículas, tais como 'e' e 'ou', ganham uma interpretação diferente da que lhes é atribuída na linguagem corrente?

Vejamos:

I) Quando dizemos:

(a) além de par o número 2 é primo,
estamos de forma abreviada afirmando que:

(b) 2 é um número par e 2 é um número primo.

O conectivo 'e' está nos possibilitando afirmar que 2 é um elemento que pertence tanto ao conjunto dos números pares quanto ao conjunto dos números ímpares. Como a interseção é uma operação comutativa, a ordem é irrelevante, passamos então a mesma mensagem escrevendo:

(c) 2 é primo e 2 é par.

Já, na linguagem corrente, a ordem em que as componentes figuram é relevante. Vejamos os seguintes exemplos:

(d) O gato tomou veneno e morreu;

(e) Casaram e tiveram filhos;

(f) Pedro subiu na árvore e pegou uma maçã;

(g) Maria chegou à igreja e assistiu à missa;

(h) Coloquei azeite na frigideira e adicionei alho;

Dê (d) a (h), a partícula 'e' tem uma conotação temporal, diferentemente daquele que figura em (b) e (c).

II) O conectivo 'ou' na linguagem corrente é geralmente utilizado para expressar uma alternativa excludente como sugerem os seguintes exemplos:

(f) Maria irá hoje ao meio dia do Rio de Janeiro à São Paulo de ônibus ou de avião,

(g) Você pode comprar isto ou aquilo, faça a sua escolha.

Já na linguagem matemática o 'ou' é utilizado para exprimir a união de dois conjuntos.

III) Diferentemente da linguagem matemática, onde as operações têm um comportamento bem definido, e é sabido, por exemplo, como solucionar a expressão:

(h) 5+2x7,

a linguagem natural é impregnada de ambiguidades como sugere o seguinte exemplo:

(i) Vá só ou vá acompanhada e divirta-se.

IV) Algumas paráfrases e o conectivo 'se, ... então':

a) Tenho R$10,00 quando tenho R$100,00.

b) Se tenho R$100,00, então tenho R$10,00.

c) Tenho R$10,00 se tenho R$100,00

d) Uma condição suficiente para que eu tenha R$10,00 é que eu tenha R$100,00.

e) Uma condição necessária para que eu tenha R$100,00 é que eu tenha R$10,00.

f) Tenho R$100,00 apenas se tenho R$10,00.

O que as sentenças acima expressam é que não é o caso que se tenha R$100,00 sem que se tenha R$10,00.

Linguagem objeto e metalinguagem

Imagine que você, um cidadão brasileiro, matricula-se em um curso para aprender inglês. Em tal curso a linguagem que é objeto de estudo é a língua inglesa e a linguagem que é utilizada para explicar o uso das expressões da língua inglesa é a língua portuguesa. Em tal circunstância dizemos que a língua portuguesa está desempenhando o papel de metalinguagem enquanto a língua inglesa está desempenhando o papel de linguagem objeto.

O conceito de linguagem objeto e de metalinguagem é relativo ao contexto no qual se está trabalhando.

Se fosse ao contrário e você fosse um inglês estudando língua portuguesa a metalinguagem seria a língua inglesa e a linguagem objeto seria a língua portuguesa.

Há situações em que linguagem objeto e metalinguagem são a mesma. Por exemplo, quando você é um cidadão brasileiro estudando a gramática da língua portuguesa.

Uso e menção

Em assuntos que se relacionam a linguagens, há momentos em que acontecem confusões com relação ao uso ou a menção de uma expressão que está sendo dita. Para contornar tal dificuldade, quando uma expressão é mencionada ao invés de usada, colocamo-la entre aspas. Vejamos os seguintes exemplos:

a) Leblon é um bairro da cidade do Rio de Janeiro;

b) 'Leblon' começa com 'L'.
Sempre que não houver possibilidade de equivoco quanto a uma expressão estar sendo usada ou mencionada, evitaremos o uso de aspas.

Nosso intuito de abordar a validade de argumentos da linguagem natural dar-se-á em etapas. A primeira delas será levada a termo por intermédio da apresentação da Lógica Sentencial em seus aspectos sintáticos, semânticos e dedutivos e a segunda a partir do capítulo 8 onde será apresentada a Lógica de Predicados de Primeira ordem seus aspectos sintático, semântico e dedutivo.

Sintaxe da LS

A Lógica Sentencial, via de regra, é apresentada através de uma linguagem apropriada à explicitação das propriedades dos conectivos lógicos e consequentemente das expressões construídas a partir desses. A seguir será apresentada a linguagem da Lógica Sentencial que será utilizada ao longo do presente texto.

Alfabeto da linguagem da Lógica Sentencial (LS)

1. Letras Sentenciais: p , q , r , s , t (indexadas ou não)
2. Conectivos Lógicos: $\sim$; $\wedge$; $\vee$; $\rightarrow$; $\leftrightarrow$
3. Sinais de pontuação: (;)

As expressões gramaticalmente bem construídas da linguagem da LS são chamadas de ***fórmulas*** (*atômicas* ou *moleculares*). Essas são cadeias de símbolos do alfabeto construídas a partir das regras listadas a seguir:

Regras de Formação das Fórmulas

R1. Toda letra sentencial é uma ***fórmula***, chamada de *fórmula* ***atômica.***

R2. Se α e β forem fórmulas, então $\sim\alpha$, $(\alpha \wedge \beta)$, $(\alpha \vee \beta)$, $(\alpha \rightarrow \beta)$ e $(\alpha \leftrightarrow \beta)$ serão **fórmulas**, chamadas fórmulas **moleculares**, do tipo: **negação, conjunção, disjunção, implicação** e **bi-implicação**, respectivamente.

R3. Apenas as expressões construídas através de um número finito de aplicações de R1–R2 são consideradas fórmulas.

As fórmulas constituem as **sentenças** da linguagem da Lógica Sentencial.

As letras sentenciais desempenham na LS papel análogo ao desempenhado pelas sentenças atômicas das linguagens naturais. São as unidades básicas da linguagem a partir das quais as expressões mais complexas são construídas com o auxílio dos conectivos lógicos.

Observação: Nas regras de formação apresentadas acima α e β são *metavariáveis* para fórmulas, assim como as letras x , y e z, por exemplo, são geralmente usadas no âmbito da matemática para fazer referência a números.

Exemplos de Fórmulas Atômicas:

a) p
b) q
c) p_1

Exemplos de Fórmulas Moleculares:

a) $\sim q$
b) $(p \wedge r)$
c) $(p \vee (q \wedge r))$
d) $((p \vee q) \rightarrow (q \leftrightarrow r))$
e) $(p \leftrightarrow (p \rightarrow p))$

Omissão de parênteses nas fórmulas

O par de parênteses mais externo que figura nas fórmulas moleculares pode ser omitido, sem ocasionar qualquer dano as interpretações que venham a ser, mais tarde, associadas as fórmulas. Assim, daqui para frente, escreveremos: $p \wedge r$ no lugar de $(p \wedge r)$.

Subfórmulas de uma fórmula

Sejam α, β e θ fórmulas.

As ***subfórmulas*** de uma fórmula são definidas como se segue:

1. α é sub-fórmula de α;
2. se α for a fórmula $\sim\beta$, então β será uma sub-fórmula de α;
3. se α for a fórmula $(\beta \wedge \theta)$,então β e θ serão sub-fórmulas de α;
4. se α for a fórmula $(\beta \vee \theta)$,então β e θ serão sub-fórmulas de α;
5. se α for a fórmula $(\beta \rightarrow \theta)$,então β e θ serão sub-fórmulas de α;
6. se α for a fórmula $(\beta \leftrightarrow \theta)$,então β e θ serão sub-fórmulas de α;
7. se β for uma sub-fórmula de α, então qualquer sub-fórmula de β será uma sub-fórmula de α.

As subfórmulas de uma fórmula a podem ser encaradas como pedaços de a que são fórmulas.

Exemplo: Supondo que α seja a fórmula $(p \wedge q) \rightarrow ((p \vee r) \wedge (q \vee r))$, temos que são subfórmulas de α:

```
        (p∧q)→((p∨r) ∧ (q∨r))
           /      \
        (p∧q)    ((p∨r) ∧ (q∨r))
         /\            /\
        p  q      (p∨r)   (q∨r)
                    /\      /\
                   p  r    q  r
```

Há uma espécie de ponte entre a linguagem da LS e as linguagens naturais, de modo que a tradução das sentenças das linguagens naturais para a linguagem da LS visa colocar em relevo aspectos que viabilizam a análise das sentenças do ponto de vista lógico.

Tradução de Sentenças das linguagens naturais para a linguagem da LS

As sentenças atômicas das linguagens naturais são adequadamente traduzidas na linguagem da LS por letras sentenciais, lembrando que, em um mesmo contexto, sentenças distintas devem ser traduzidas por letras sentenciais distintas.

Vejamos alguns exemplos:

a) Podemos escrever a sentença 'Aristóteles é o pai da Lógica' pela letra sentencial 'p' da linguagem da LS.

b) A sentença 'Frege afirmou que a matemática era redutível à lógica e Russell encontrou um paradoxo na teoria de Frege', pode ser reescrita por '$p \wedge q$', onde 'p' é a sentença 'Frege afirmou que a matemática era redutível à lógica' e q é a sentença 'Russell encontrou um paradoxo na teoria de Frege'.

c) A sentença 'A lógica tem aplicações em matemática, ou em ciência da computação e em filosofia', pode ser reescrita na LS por '$p\vee (q\wedge r)$', onde 'p' é a sentença 'A lógica tem aplicações em Matemática', 'q' é a sentença 'A lógica tem aplicações em Ciência da Computação' e 'r' é a sentença 'A lógica tem aplicações em Filosofia'.

d) A sentença 'Se lógica tem aplicações em Matemática, então tem aplicações em ciência da Computação e em Filosofia', pode ser reescrita na LS por '$p \rightarrow (q\wedge r)$', onde 'p' é a sentença 'A lógica tem aplicações em Matemática', 'q' é a sentença 'A lógica tem aplicações em Ciência da Computação' e 'r' é a sentença 'A lógica tem aplicações em Filosofia'.

e) A sentença 'A matemática é um amplo domínio do conhecimento, se e somente se a lógica é um rico domínio do conhecimento', pode ser reescrita na LS por '$p\leftrightarrow q$', onde 'p' é a sentença 'A matemática é um amplo domínio do conhecimento', e 'q' é a sentença 'a lógica é um rico domínio do conhecimento'.

Exercícios Propostos

1) Classifique as afirmações abaixo como verdadeiras (V) ou falsas (F).

( ) Sentença é qualquer expressão de uma dada linguagem, que é verdadeira ou falsa, de maneira exclusiva.
( ) As expressões declarativas da língua portuguesa são sentenças.
( ) As expressões exclamativas, as imperativas e as interrogativas da língua portuguesa não são sentenças.
( ) Os conectivos lógicos - não , e, ou, se...então, se e somente se – formam sentenças a partir de sentenças previamente construídas.
( ) As sentenças atômicas não possuem conectivos.
( ) As sentenças moleculares possuem pelo menos um conectivo.
( ) A Lógica Sentencial ou Lógica Proposicional, trata das propriedades dos conectivos lógicos: não , e, ou, se...então, se e somente se.
( ) Os conectivos lógicos e, ou, se...então, se e somente se, são conectivos de peso 2.
( ) O conectivo lógico não é um conectivo de peso 1.

2) Quais das seguintes expressões são sentenças?

a) 8
b) $8+3$
c) $8=6+2$
d) $8<1$
e) Dois está compreendido entre um e três.
f) O professor de álgebra da turma 2
g) O pai de Pedro é professor.
h) Não dirija alcoolizado.
i) O fatorial de 3.
j) Joana e Carla
k) Joana e Carla são estudantes.
l) Joao e Maria são irmãos.
m) Ana fala inglês e francês
n) Que belo dia!
o) Se Ana tem R$100,00, então Ana tem R$50,00.
p) Uma condição suficiente para que Ana tenha R$50,00, é que Ana tenha R$100,00.
q) Uma condição necessária para que Ana tenha R$100,00, é que Ana tenha R$50,00.

3) Classifique as sentenças abaixo como Atômicas ou Moleculares. Classifique as moleculares como – negação, conjunção, disjunção, implicação ou bi-implicação.

a) $2 > 0$ ou $2 < 0$
b) Se $2 + 1 = 3$, então $2 + 1 > 0$
c) $2 + 1 = 3$
d) $2 > 0$ se e somente se $0 < 2$

4) Quais, dentre as expressões abaixo, são sentenças da língua Portuguesa?

a) Brasil
b) Aurélio Buarque de Holanda
c) A UFF é uma Universidade Federal e Romário foi jogador de futebol.
d) Se Charlie Chaplin é um gênio inesquecível do cinema mudo, então Caetano e Gil são geniais.
e) Faça o que se pede.
f) 'Faça o que se pede.' é uma expressão imperativa.
g) Quais foram os filmes realizados na época do cinema mudo?
h) O Brasil é um grande País.
i) Leda é apresentadora de um programa de Tevê.
j) Procure se informar.
k) Hilbert é precursor de uma corrente chamada Formalismo.
l) Que bela obra a do educador Nietzsche!
m) Brouwer é precursor do Intuicionismo e Frege do Logicísmo.
n) A Lógica e a Matemática são disciplinas fundamentais.
o) O Brasil é um País rico em profissionais competentes.
p) João e Pedro são famosos.
q) Frege deu grandes contribuições à cultura mundial.
r) João não é uma pessoa intransigente.
s) João Gilberto é músico ou poeta.
t) Se Renato Russo foi um grande poeta, Cazuza foi um grande poeta.

5) Dê exemplos de expressões da língua portuguesa que não sejam sentenças.

6) Escreva as sentenças abaixo na linguagem da LS, classificando-as como atômicas ou moleculares:

a) João é professor.
b) João é professor e poeta.
c) João é professor de Álgebra, Geometria e Topologia.
d) João é irmão de Pedro.

e) 2 não é par.
f) 3 é par ou 9 ímpar.
g) Se 2 é par, então 4 é ímpar.
h) 2 é par se e somente se 4 é par.
i) Oscar é empresário, quando não está dentro de algum ginásio de basquete.
j) Carlos investe no Vôlei se, e somente se existem profissionais sérios em várias áreas no Brasil.

7) Escreva, quando possível, na linguagem da Lógica Sentencial, as expressões que se seguem, classificando-as como atômicas ou moleculares; e no caso das moleculares classifique-as quanto ao tipo ou seja: negação, conjunção, disjunção, implicação e bi-implicação.

a) Paulo e Pedro são professores.
b) Pedro e Ana são irmãos.
c) Se José se empenhar, fará uma boa prova e será aprovado.
d) 2 é primo se e somente se 2 é par.
e) Joana não vai insistir em convencer sua colega.
f) Johnson é jogador de basquete ou filósofo.
g) João estuda Pascal, se gosta de Linguagem de Programação.
h) Mário viajará para Amsterdã, se o voo não for adiado.
i) Os artistas farão parte do elenco, caso sejam aprovados no teste.
j) Michel Jordan e Oscar foram excelentes jogadores.
l) Informática e lógica são disciplinas interligadas.
m) A Matemática é um ramo da Lógica se e somente se a Lógica é um ramo da Matemática.
n) 2 é um número par.
o) 2 é um número par e primo.
p) 2 e 4 são pares.
q) Pedro ou Paulo será admitido, mas não ambos.
r) João
s) Paulo é músico ou poeta.
t) Paulo será absolvido se e somente se a testemunha A for ouvida.
u) Ivo está vivo ou morto.
v) André está, neste momento, em Búzios ou em Petrópolis.
x) Hugo é lógico, ou filósofo e professor.
z) Hugo é lógico, e filósofo ou professor.

Argumentos da língua Portuguesa e sua Forma

Observe os seguintes exemplos de argumentos da língua portuguesa:

a) Se Sócrates é homem, então Sócrates é mortal.
Sócrates é homem.
Logo, Sócrates é mortal.

b) Se o Pão de Açúcar está localizado no R.J. , então o R.J. é a capital da França.
O Pão de Açúcar está localizado no R.J.
Logo, o R.J. é a capital da França.

c) Se Pelé é jogador de basquete, então Oscar é jogador de futebol.
Pelé é jogador de basquete.
Logo, Oscar é jogador de futebol.

Observe que o argumento do item a) possui duas premissas, e uma delas, a atômica, figura como antecedente da outra, i.e., da implicação. E a conclusão é o consequente da premissa que é uma implicação. Podemos abstrair o conteúdo e colocar em relevo a forma de tal argumento, escrevendo-o na linguagem da Lógica Sentencial, obtendo assim o seguinte argumento da linguagem do LS:

$p_1 \rightarrow q_1$ Onde p_1 é 'Sócrates é homem' e q_1 é 'Sócrates é mortal'.
p_1
Logo, q_1

Fazendo um procedimento análogo com os argumentos dos itens b) e c), obtemos os seguintes argumentos da linguagem da LS:

$p_2 \rightarrow q_2$ Onde p_2 é 'O Pão de Açúcar está localizado no R.J.' e q_2 é 'O R.J. é a capital da França'.
p_2
Logo, q_2

e

$p_3 \rightarrow q_3$ Onde p_3 é 'Pelé é jogador de basquete' e q_3 é 'Oscar é jogador de futebol'
p_3
Logo, q_3

Todos os três possuem a mesma forma:

Se A, então B
A
Logo, B

Mais tarde vamos introduzir métodos que irão nos possibilitar verificar se tais argumentos são válidos ou inválidos.

Exercícios Propostos

1. Dê exemplos de argumentos, destacando sua(s) premissa(s) e conclusão.

2. Qual é a diferença entre argumento válido e argumento inválido?

3. Dê exemplo de um argumento válido da língua Portuguesa e de um argumento inválido da língua Portuguesa, e em seguida, em cada caso, coloque em relevo a sua forma, escrevendo-os na linguagem da *Lógica Sentencial.*

4. Dê exemplo de um argumento da Língua Portuguesa, cujas premissas e conclusão sejam sentenças falsas e, quando simbolizado na linguagem da Lógica Sentencial, sua forma seja válida.

5. Dê exemplos de argumentos válidos com:

a) pelo menos uma premissa atômica;
b) somente premissas moleculares.

6. Dê exemplo de um argumento inválido com apenas uma premissa.

7. Dê exemplo de um argumento válido com apenas uma premissa molecular.

8. Dê exemplo de um argumento válido cuja conclusão seja atômica.

9. Em cada item, dê exemplo de um argumento da Lógica Sentencial, tal que:

a) seja inválido, com pelo menos duas premissas.
b) seja inválido, com uma única premissa.
c) seja válido, com pelo menos três premissas.
e) seja válido, com apenas uma premissa.

Capítulo 4
Semântica da Lógica Sentencial

'Provamos através da lógica, mas descobrimos a partir da intuição'.
Henri Poincaré

Dando significado à linguagem da LS

As fórmulas (atômicas ou moleculares) foram definidas, e suas propriedades estruturais apresentadas na **sintaxe** da linguagem da Lógica Sentencial. Vimos que, em tal contexto, fórmulas são apenas cadeias de símbolos desprovidas de qualquer significado. São meros objetos sintáticos.

É no âmbito da **semântica** que é associado significado a tais fórmulas. Neste contexto elas são interpretadas.

Conforme foi dito anteriormente, uma *sentença* é uma expressão, de uma dada linguagem, que é *verdadeira* ou *falsa*, de maneira exclusiva.

As ***fórmulas*** são as sentenças da LS. ***Interpretar uma fórmula*** significa atribuir a esta um dos valores-de-verdade **V** (verdadeiro) ou **F** (falso). Em decorrência disso, a LS é dita ser uma ***lógica bi-valente***.

Na Lógica Sentencial o valor-de-verdade de uma fórmula molecular é calculado a partir apenas do valor-de-verdade das letras sentenciais que ocorrem em sua formação, independente de qualquer outro aspecto relacionado aquilo que elas denotam no mundo real.

Como toda fórmula da Lógica Sentencial é verdadeira ou falsa de maneira exclusiva em cada uma de suas interpretações, necessitamos de regras que nos permitam determinar o valor-de-verdade de cada fórmula em cada uma de tais interpretações.

Uma ***interpretação I para uma fórmula a*** é uma função cujo domínio é o conjunto das letras sentenciais que ocorrem em a e cujo contra-domínio é o conjunto {V, F} dos valores-de-verdade.

Exemplo:

Seja α a fórmula $p \wedge q$.

A função $I_1 : \{p,q\} \rightarrow \{V, F\}$ tal que $I_1(p) = I_1(q) = V$ é uma interpretação para a fórmula α.

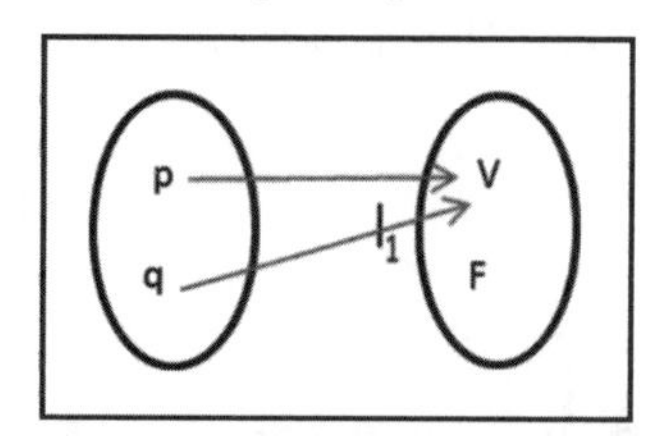

Tal fórmula possui, ainda, outras três interpretações, a saber:
$I_2 : \{p,q\} \rightarrow \{V, F\}$ tal que $I_2(p) = V$ e $I_2(q) = F$;

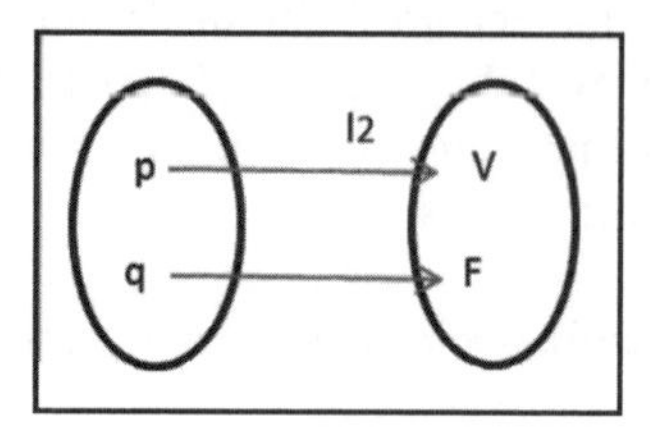

$I_3 : \{p,q\} \rightarrow \{V, F\}$ tal que $I_3(p) = F$ e $I_3(q) = V$;

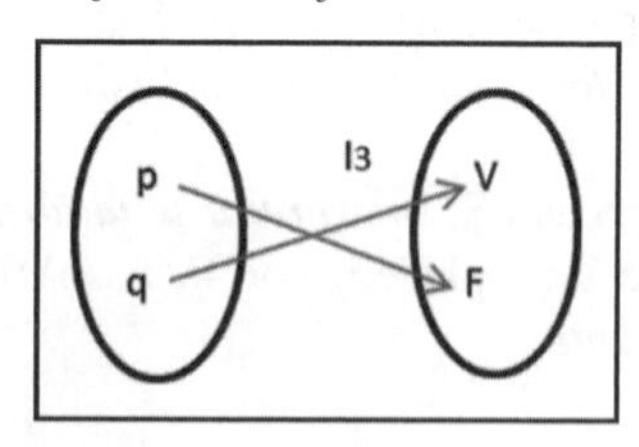

$I_4 : \{p,q\} \rightarrow \{V, F\}$ tal que $I_4(p) = F$ e $I_2(q) = F$.

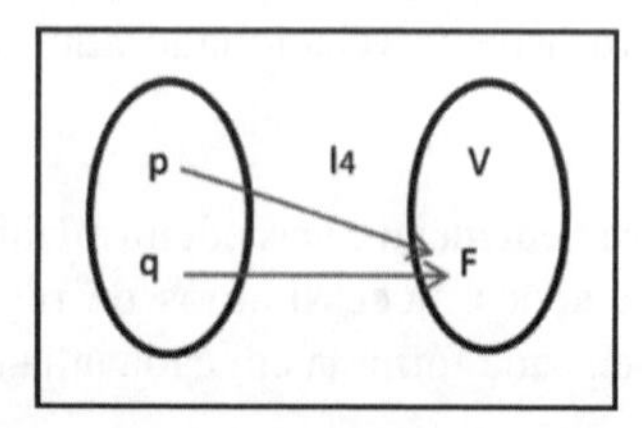

Como cada letra sentencial pode assumir um entre dois valores, uma fórmula com n letras poderia assumir 2x2x2x...x2 (n fatores) = 2^n interpretações

Conectivos por Funções-de-verdade

A cada conectivo lógico é associado uma função que leva valor(es)-de-verdade em valor-de-verdade da seguinte forma:

1) A função associada ao conectivo '~' é a função definida como:
$f_{\sim}: \{V, F\} \rightarrow \{V, F\}$ de tal modo que $f_{\sim}(V) = F$ e $f_{\sim}(F) = V$.

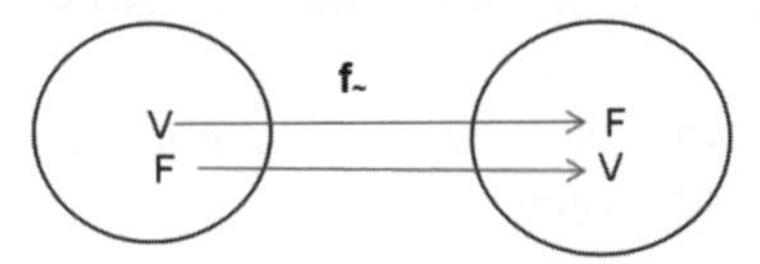

2) A função associada ao conectivo '∧' é a função definida como:
$f_{\wedge}: \{V, F\} x \{V, F\} \rightarrow \{V, F\}$ de tal modo que $f_{\wedge}(V, V) = V$, e $f_{\wedge}(V, F) = f_{\wedge}(F, V) = f_{\wedge}(F, F) = F$.

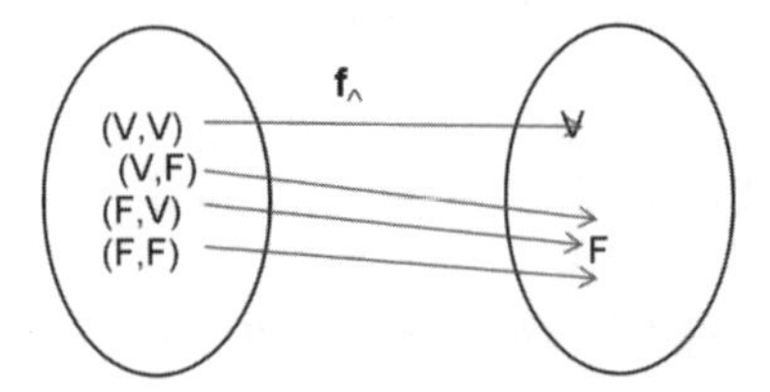

3) A função associada ao conectivo '∨' é a função definida como:
$f_{\vee}: \{V, F\} x \{V, F\} \rightarrow \{V, F\}$ de tal modo que $f_{\vee}(F, F) = F$, e $f_{\vee}(V, V) = f_{\vee}(F, V) = f_{\vee}(F, F) = V$.

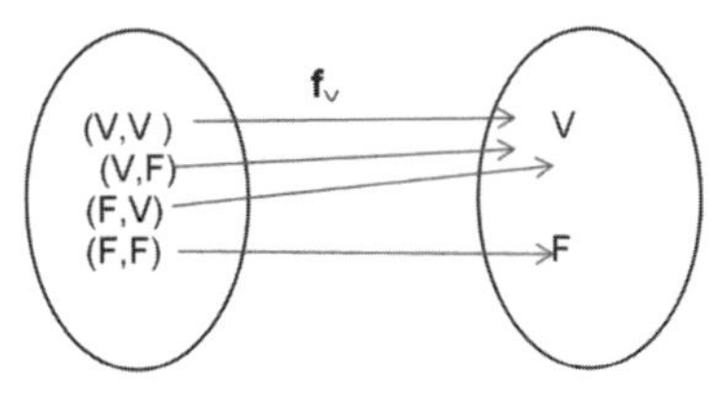

4) A função associada ao conectivo '→' é a função definida como:
$f_{\rightarrow}: \{V, F\} x \{V, F\} \rightarrow \{V, F\}$ de tal modo que $f_{\rightarrow}(F, F) = F$, e $f_{\rightarrow}(V, V) = f_{\rightarrow}(F, V) = f_{\rightarrow}(F, F) = V$.

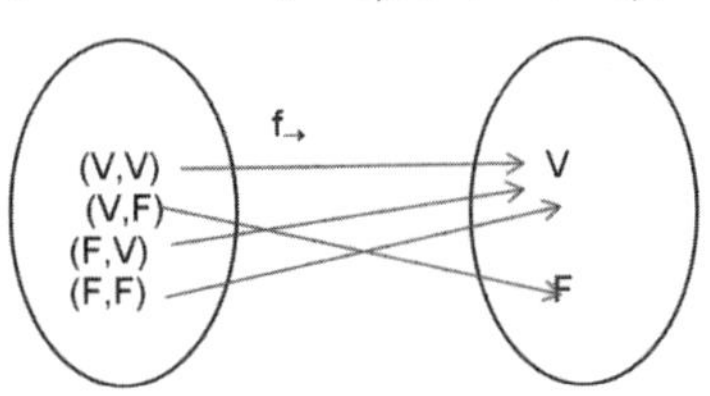

5) A função associada ao conectivo '↔' é a função definida como:
$f_{\leftrightarrow}$: {V,F}x{V,F}→{V,F} de tal modo que $f_{\leftrightarrow}(V,V)=f_{\leftrightarrow}(F,F)=V$ e $f_{\leftrightarrow}(F,V)=f_{\leftrightarrow}(V,F)=F$.

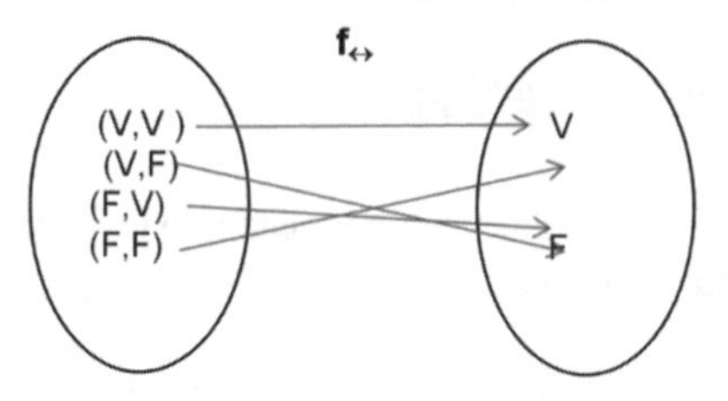

O valor-de-verdade $I^*(\alpha)$ de uma fórmula α em uma interpretação I .

O valor-de-verdade de uma fórmula α em uma interpretação I, denotado por **$I^*(\alpha)$** é determinado a partir das seguintes regras:

R_1: $I^*(\alpha)= I(\alpha)$, se a for uma letra sentencial;
R_2: $I^*(\alpha)= f_{\sim}(I^* (\beta))$, se α for a fórmula $\sim\beta$;
R_3: $I^*(\alpha)= f_{\wedge} (I^* (\beta), I^* (\theta))$, se α for a fórmula $\beta\wedge\theta$;
R_4: $I^*(\alpha)= f_{\vee} (I^*(\beta), I^*(\theta))$, se α for a fórmula $\beta\vee\theta$;
R_5: $I^*(\alpha)= f_{\rightarrow} (I^*(\beta), I^*(\theta))$, se α for a fórmula $\beta\rightarrow\theta$;
R_6: $I^* (\alpha)= f_{\leftrightarrow} (I^*(\beta), I^*(\theta))$, se α for a fórmula $\beta\leftrightarrow\theta$.

Uma fórmula ***α será verdadeira em uma interpretação I*** se e somente se $I^* (\alpha) = V$.

Uma fórmula ***α será falsa em uma interpretação I*** se e somente se $I^* (\alpha) = F$.

Exemplo: Admitindo-se que α seja a fórmula $(p\vee q)\rightarrow(p\wedge q)$, temos que α possui quatro interpretações, a saber:

I_1: {p,q}→{V, F} tal que $I_1(p) = I_1(q) = V$;

I_2: {p,q}→{V, F} tal que $I_2(p) = V$ e $I_2(q) = F$;

I_3: {p,q}→{V, F} tal que $I_3(p) = F$ e $I_3(q) = V$ e

I_4: {p,q}→{V, F} tal que $I_4(p) = I_4(q) = F$.

Tais interpretações podem ser apresentadas através da seguinte tabela:

	p	q
I_1	V	V
I_2	V	F
I_3	F	V
I_4	F	F

Usando as regras listadas acima, podemos calcular $I_i^*(\alpha)$ para cada I_i, onde $1 \leq i \leq 4$. Assim, temos que:

$I^*1(\alpha) = f_{\rightarrow} (I^*1\ (p \vee q), I^*1\ (p \wedge q)) =$

$f_{\rightarrow} (\ I^*1\ (\ f_{\wedge} (I^*1\ (p), I^*1\ (q)))\ , f_{\vee} (I^*1\ (\ p), I^*1\ (q))) =$

$f_{\rightarrow} (I^*1\ (\ f_{\vee} (V, V))\ , f_{\wedge} (V, V)) =$

$f_{\rightarrow} (V, V) = V$

Logo, o valor-de-verdade de α em I_1 é V. Assim, a fórmula α é verdadeira em I_1.

Cada aplicação realizada das regras de R_1 a R_6 pode ser ilustrada na seguinte tabela:

p	q	$p \vee q$	$p \wedge q$	$(p \vee q) \rightarrow (p \wedge q)$
$V = I^*_1(p)$	$V = I^*_1(q)$	$V = f_{\vee}(I^*_1(p), I^*_1(q))$	$V = f_{\wedge}(I^*_1(p), I^*_1(q))$	$V = f_{\rightarrow}(I^*_1\ p \vee q), I^*_1(p \wedge q))$

Ou seja:

	p	q	$p \vee q$	$p \wedge q$	$(p \vee q) \rightarrow (p \wedge q)$
I_1	V	V	V	V	V

Vamos calcular agora o valor-de-verdade de α em I_2:

$I^*2\ (\alpha) = f_{\rightarrow} (I^*2\ (p \vee q), I^*2(\ p \wedge q)) =$

$f_{\rightarrow} (I^*2\ (f_{\vee} (I^*2\ (p), I^*2\ (q)))\ , f_{\wedge} (I^*2\ (\ p), I^*2\ (q))) =$

$f_{\rightarrow} (I^*2\ (\ f_{\vee} (V, F))\ , f_{\wedge}(V, F)) =$

$f_{\rightarrow} (V, F) = F$

Logo, o valor-de-verdade de α em I_2 é F. Assim, a fórmula α é falsa em I_2.

Cada aplicação realizada das regras de R_1 a R_6 pode ser ilustrada na seguinte tabela:

p	q	p∨q	p∧q	(p∨q)→(p∧q)
$V=I^*_2(p)$	$F=I^*_2(q)$	$V=f_\vee(I^*_2(p), I^*_2(q))$	$F=f_\wedge(I^*_2(p), I^*_2(q))$	$F=f_\rightarrow(I^*_2(p\vee q), I^*_2(p\wedge q))$

Ou seja:

	p	q	p∨q	p∧q	(p∨q)→(p∧q)
I_2	V	F	V	F	F

Procedendo de maneira análoga, concluiremos que:

A fórmula α é ***falsa*** em I_3, visto que $I^*_3(\alpha) = F$, e é ***verdadeira*** em I_4, visto que $I^*_4(\alpha) = V$.

A tabela abaixo exibe o valor-de-verdade da fórmula α em cada uma de suas interpretações.

	p	q	p∨q	p∧q	(p∨q)→(p∧q)
I_1	V	V	V	V	$V = I^*_1(\alpha)$
I_2	V	F	V	F	$F = I^*_2(\alpha)$
I_3	F	V	V	F	$F = I^*_3(\alpha)$
I_4	F	F	F	F	$V = I^*_4(\alpha)$

Tabela-de-verdade

A tabela anterior é usualmente chamada de ***tabela-de-verdade***. Para construirmos a tabela-de-verdade de uma fórmula qualquer α, devemos criar uma coluna para cada letra sentencial que figura em α e uma coluna para cada sub-fórmula de α. A última coluna criada exibirá a própria α. O número de linhas será igual ao número de interpretações da fórmula, ou seja, 2^n, onde n é o número de letras sentenciais que ocorrem em α.

Exemplo: A tabela-de-verdade abaixo ilustra todas as interpretações da fórmula $p\rightarrow(q\wedge\sim r)$, assim como seu valor-de-verdade em cada uma de suas interpretações.

	p	q	r	~r	(q∧~r)	p→(q∧~r)
I_1	V	V	V	F	F	F
I_2	V	V	F	V	V	V
I_3	V	F	V	F	F	F
I_4	V	F	F	V	F	F
I_5	F	V	V	F	F	V
I_6	F	V	F	V	V	V
I_7	F	F	V	F	F	V
I_8	F	F	F	V	F	V

Classificação das fórmulas da LS

Uma fórmula α será **válida**, se $I^*(\alpha)=V$ para qualquer que seja a interpretação I de α. As fórmulas válidas da LS são também chamadas de **tautologias**.

Notação: É usual representar-se, simbolicamente, o fato de que uma fórmula α é válida, antepondo-se o símbolo ' |=' à fórmula α; ou seja: |=α

Exemplos de tautologias:

1) p∨~p

2) (p∧q)→q

3) p→(p∨q)

4) p↔~~p

5) ((p∧q)→r)↔(p→(q→r))

Observação: Se α for uma tautologia e α′ for a fórmula obtida substituindo-se todas as ocorrências de uma mesma letra sentencial que figura em α por uma mesma fórmula β, então α′ também será uma tautologia.

Exemplo: Se α for a fórmula (p∧q)→q, então como a fórmula α é uma tautologia, segue-se que, a fórmula α′, que é obtida trocando-se todas as ocorrências de q em α por (r∨~p) também é uma tautologia. Ou seja, |= (p∧((r∨~p))→(r∨~p).

Considerando-se que α, β e δ sejam fórmulas quaisquer da LS, tem-se que as seguintes fórmulas são Tautologias:

Lei da Identidade: $\alpha \rightarrow \alpha$
Lei do Terceiro Excluído: $\alpha \vee \sim\alpha$
Lei da Não-Contradição: $\sim (\alpha \wedge \sim\alpha)$
Lei da Dupla Negação: $\alpha \leftrightarrow \sim\sim \alpha$
Lei de Peirce: $((\alpha\rightarrow\beta)\rightarrow\alpha) \rightarrow \alpha$
Comutatividade da Conjunção: $(\alpha\wedge\beta) \leftrightarrow (\beta\wedge\alpha)$
Comutatividade da Disjunção: $(\alpha\vee\beta) \leftrightarrow (\beta\vee\alpha)$
Associatividade da Conjunção: $((\alpha\wedge\beta)\wedge\delta)\leftrightarrow (\alpha\wedge(\beta\wedge\delta))$
Associatividade da Disjunção: $((\alpha\vee\beta)\vee\delta)\leftrightarrow(\alpha\vee(\beta\vee\delta))$
Lei da Contraposição: $(\alpha\rightarrow\beta) \leftrightarrow (\sim\beta\rightarrow\sim\alpha)$
Leis de De Morgan: $\sim(\alpha\wedge\beta) \leftrightarrow (\sim\alpha\vee\sim\beta)$
$\sim(\alpha\vee\beta) \leftrightarrow (\sim\alpha\wedge\sim\beta)$
Leis Distributivas: $\alpha\wedge(\beta\vee\delta) \leftrightarrow ((\alpha\wedge\beta)\vee(\alpha\wedge\delta))$
$\alpha\vee(\beta\wedge\delta)) \leftrightarrow ((\alpha\vee\beta)\wedge (\alpha\vee\delta))$
Modus Ponens: $(\alpha\wedge(\alpha\rightarrow\beta)) \rightarrow \beta$
Modus Tollens: $((\alpha\rightarrow\beta)\wedge\sim\beta) \rightarrow \sim\alpha$
ModusTollendo Ponens: $((\alpha\vee\beta)\wedge\sim\alpha)\rightarrow\beta$

Uma fórmula a será **insatisfazível**, se $I^*(\alpha) = F$ para qualquer que seja a interpretação I de α. As fórmulas insatisfazíveis da LS são também chamadas de **contradições**.

As contradições são as fórmulas que são falsas em qualquer das suas interpretações.

Exemplos de contradições:

1) $p\wedge p$

2) $\sim(p\vee\sim p)$

3) $(p \leftrightarrow \sim\sim p) \rightarrow (p\wedge\sim p)$

Observação: Uma fórmula α será uma tautologia, se e somente se a sua negação, $\sim\alpha$, for uma contradição.

Uma fórmula α será **contingente**, se existir pelo menos uma interpretação I_1 de α, onde $I^*_1(\alpha) = V$ e existir pelo menos uma interpretação I_2 de α, onde $I^*_2(\alpha) = V$. As fórmulas contingentes são também chamadas de **contingências**.

Exemplos de fórmulas contingentes:

1) p

2) $p \rightarrow \sim p$

3) $(p \vee q) \rightarrow \sim\sim r$

O conjunto (infinito) das fórmulas da LS pode ser particionado em três subconjuntos (infinitos) disjuntos:

{α / α é fórmula da LS} = { α / α é uma tautologia }∪{ α / α é uma contradição } ∪ { α / α é uma contingência }

Conjunto das Fórmulas da LS

tautologias	contradições	contingências

Uma fórmula α será **satisfazível**, se $I^*(\alpha) = V$ para alguma interpretação I de α.

As fórmulas satisfazíveis são as que são verdadeiras em pelo menos uma de suas interpretações.

Exemplos de fórmulas satisfazíveis:

1) p

2) $p \rightarrow p$

3) $\sim(p \wedge \sim p)$

Uma fórmula a será **inválida**, se $I^*(\alpha) = F$ para alguma interpretação I de α.

As fórmulas inválidas são as que são falsas em pelo menos uma de suas interpretações.

Exemplos de fórmulas inválidas:

1) p

2) $p \rightarrow p$

3) $p \wedge p$

As fórmulas contingentes são as fórmulas que são satisfazíveis e inválidas, simultaneamente.

O conjunto (infinito) das fórmulas da LS pode ser ilustrado através do seguinte diagrama que expressa as relações que subsistem entre as fórmulas válidas, inválidas, satisfazíveis ou insatisfazíveis:

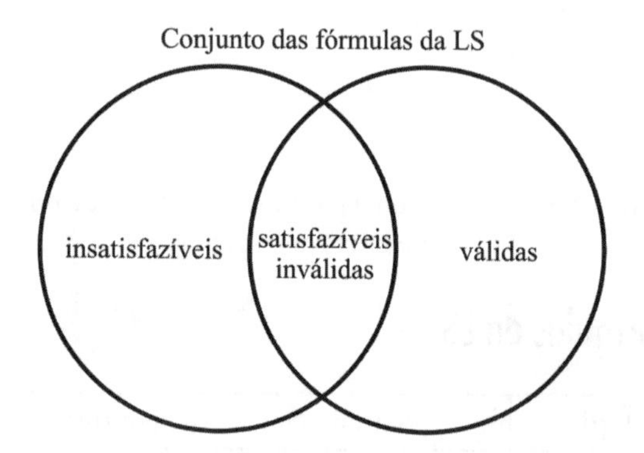

Observações:

1) Toda fórmula válida é satisfazível.

2) Nem toda fórmula satisfazível é válida.

3) Toda fórmula insatisfazível é inválida.

4) Nem toda fórmula inválida é insatisfazível.

Cabe observar que as fórmulas são válidas ou inválidas, satisfazíveis ou insatisfazíveis em decorrência da sua forma, vale dizer, da sua estrutura sintática. Ou ainda em decorrência da maneira como os conectivos e as letras sentenciais estão encadeadas.

Conjunto Satisfazível

Seja Γ o conjunto $\{\alpha_1 , ... , \alpha_n\}$ de fórmulas da LS. Diz-se que, Γ é um conjunto ***satisfazível*** se existe pelo menos uma interpretação I onde $I^*(\alpha_1) = ... = I^*(\alpha_n) = V$. Caso contrário, Γ é dito ***insatisfazível***.

Um conjunto será *satisfazível*, se existir pelo menos uma interpretação na qual todas as suas fórmulas sejam simultaneamente verdadeiras; e será *insatisfazível*, caso não exista interpretação na qual todas as suas fórmulas sejam simultaneamente verdadeiras.

Exemplos de conjuntos Satisfazíveis:

1) $\Gamma = \{ p , q \}$

2) $\Gamma = \{ p \rightarrow q , q \vee r \}$

Exemplos de conjuntos Insatisfazíveis:

1) $\Gamma = \{ p , \sim p \}$

2) $\Gamma = \{ p \rightarrow q , p , \sim q \}$

3) $\Gamma = \{ \sim (p \vee \sim p) , q \}$

Cabe observar que se Γ e Ψ forem dois conjuntos satisfazíveis, não necessariamente $\Gamma \cup \Psi$ será satisfazível. Veja:

Exemplo. Embora $\Gamma = \{p, q\}$ e $\Psi = \{\sim p , r\}$ sejam satisfazíveis, $\Gamma \cup \Psi$ não é um conjunto satisfazível.

Consequência Tautológica entre duas fórmulas

Sejam α e β fórmulas.

Diz-se que **β é consequência tautológica de α**, se em todas as interpretações I nas quais $I^*(\alpha) = V$, então $I^*(\beta) = V$.

Em outras palavras:

Uma fórmula β será *consequência tautológica de* α, se for impossível exibir uma interpretação onde α é verdadeira, porém β é falsa. Em outras palavras, a verdade de α acarretará a verdade de β.

Notação: É usual representar-se, simbolicamente, o fato de que β é consequência tautológica de α colocando-se o símbolo ' $\models$' depois de α e antes de β; ou seja: $\alpha \models \beta$.

Exemplos:

1) Se α for a fórmula $p \wedge q$ e β for a fórmula q, temos que $\alpha \models \beta$.

2) Se α for a fórmula p e b for a fórmula $q \vee p$, temos que $\alpha \models \beta$.

3) Se α for a fórmula $\sim p$ e b for a fórmula $p \rightarrow q$, temos que $\alpha \models \beta$.

4) Se α for a fórmula q e b for a fórmula $p \rightarrow q$, temos que $\alpha \models \beta$.

Observação: $\alpha \models \beta$ se e somente se $\models \alpha \rightarrow \beta$.

Esboço da Prova:

($\Rightarrow$)
Admita que $\alpha \models \beta$, mas que, não seja o caso que $\models \alpha \rightarrow \beta$. Daí, existe pelo menos uma interpretação I_1, na qual $I_1^*(\alpha \rightarrow \beta) = F$, ou seja, $I_1^*(\alpha) = V$ e $I_1^*(\beta) = F$. Porém, por hipótese, $I^*(\beta) = V$ sempre que $I^*(\alpha) = V$, em qualquer que seja a interpretação I. Logo, um absurdo foi gerado.

($\Leftarrow$)
Admita que $\models \alpha \rightarrow \beta$, mas que não seja o caso que $\alpha \models \beta$. Daí, existe pelo menos uma interpretação I_1, na qual $I_1^*(\alpha) = V$ e $I_1^*(\beta) = F$. Porém, por hipótese, $I^*(\alpha \rightarrow \beta) = V$ em qualquer interpretação, o que nos conduz a um absurdo dado que em I_1, $I_1^*(\alpha \rightarrow \beta) = F$.

A observação anterior assegura que, para verificar se β é consequência tautológica de α, basta verificar se a implicação cujo antecedente é α e cujo consequente é β é uma tautologia.

Exemplos:

1) q é consequência tautológica de $p \wedge q$, visto que $\models (p \wedge q) \rightarrow q$.

2) $q \vee p$ é consequência tautológica de p, visto que $\models p \rightarrow (q \vee p)$.

3) $p \rightarrow q$ é consequência tautológica de $\sim p$, visto que $\models \sim p \rightarrow (p \rightarrow q)$.

4) $p \rightarrow q$ é consequência tautológica de q, visto que $\models q \rightarrow (p \rightarrow q)$.

Consequência Tautológica entre fórmula e conjunto de fórmulas

Seja Γ o conjunto $\{\alpha_1, ..., \alpha_n\}$ de fórmulas da e β uma fórmula.

Diz-se que **β é consequência tautológica de Γ**, se em todas as interpretações I nas quais $I^*(\alpha_1) = I^*(\alpha_2) = ... = I^*(\alpha_n) = V$, então $I^*(\beta) = V$.

Notação: É usual representar-se, simbolicamente, o fato de que β é consequência tautológica de Γ colocando-se o símbolo ' |=' depois de Γ e antes de β; ou seja: **Γ |=β.**

Uma fórmula β será consequência tautológica de Γ, se for impossível exibir uma interpretação onde todas as fórmulas Γ sejam simultaneamente verdadeiras, porém β seja falsa. Em outras palavras, a verdade simultânea de todas as fórmulas de Γ acarretará a verdade de β.

Exemplos:

1) Se Γ = { p→q , p } e β for a fórmula q, temos que Γ |=β.

2) Se Γ = { p∨q , ~p } e β for a fórmula q, temos que Γ |=β.

3) Se Γ = { p , ~p∧q } e β for a fórmula r, temos que Γ |=β.

4) Se Γ = { p , q∨r } e β for a fórmula p→p, temos que Γ |=β.

Observação: Γ |= β se e somente se $\models (\alpha_1 \wedge ... \wedge \alpha_n) \rightarrow \beta$.

Para verificarmos se β é consequência tautológica de Γ, basta verificarmos se a implicação cujo antecedente é a conjunção das fórmulas de Γ e cujo consequente é β, é uma tautologia.

Exemplos:

1) q é consequência tautológica de {p→q, p}, visto que |= ((p→q) ∧p)→q.

2) q é consequência tautológica de {p∨q, ~p}, visto que |= ((p∨q)∧~p)→q.

3) r é consequência tautológica de {p, ~p∧q}, visto que |= ((p∧(~p∧q))→r

4) p→p é consequência tautológica de {p, q∨r}, visto que |= (p∧(q∨r))→ (p→p).

Propriedades da relação de consequência tautológica

Sejam α, β e θ fórmulas e Γ um conjunto de fórmulas.

1) $\Gamma \cup \{\alpha\} \models \alpha$,
ou seja:
qualquer fórmula será consequência tautológica de um conjunto ao qual ela pertença.

2) Se $\Gamma \models \beta$, então $\Gamma \cup \{\alpha\} \models \beta$,
ou seja:
se uma fórmula for consequência tautológica de um conjunto Γ, então ela também será de qualquer conjunto que contenha Γ.

3) Se $\alpha \models \beta$ e $\beta \models \theta$, então $\alpha \models \theta$,
ou seja:
a relação de consequência tautológica é transitiva.

4) $\Gamma \models \alpha$ e $\Gamma \models \beta$ se e somente se $\Gamma \models (\alpha \wedge \beta)$
ou seja:
uma conjunção será consequência tautológica de um conjunto se e somente se cada um de seus componentes também for.

5) $\Gamma \cup \{\alpha\} \models \beta$ se e somente se $\Gamma \models (\alpha \rightarrow \beta)$
ou seja:
uma implicação será consequência tautológica de um conjunto Γ, se e somente se seu consequente for consequência tautológica de $\Gamma \cup \{\alpha\}$.

6) $\Gamma \models \alpha$ se e somente se $\Gamma \cup \{\sim\alpha\}$ for insatisfazível
ou seja:
uma fórmula será consequência tautológica de um conjunto Γ, se e somente se a introdução da negação dela em Γ gerar um conjunto insatisfazível.

Equivalência Tautológica

Sejam α e β fórmulas.

Diz-se que **α é (tautologicamente) equivalente a β**, se em qualquer interpretação I, $I^*(\alpha) = I^*(\beta)$.

Notação: É usual representar-se, simbolicamente, o fato de que α é (tautologicamente) equivalente a β, colocando-se o símbolo ' $\models\mid$' entre α e β; ou seja: $\boldsymbol{\alpha} \models\mid \boldsymbol{\beta}$.

Duas fórmulas serão equivalentes quanto possuírem o mesmo valor-de-verdade em cada uma de suas interpretações.

Exemplos:

1) $p \wedge q$ e $\sim(\sim p \vee \sim q)$ são fórmulas equivalentes.

2) p e $p \vee p$ são fórmulas equivalentes.

3) $p \rightarrow q$ e $\sim p \vee q$ são fórmulas equivalentes.

4) $p \leftrightarrow q$ e $(p \rightarrow q) \wedge (q \rightarrow p)$ são fórmulas equivalentes.

Observação: $\alpha \models\mid \beta$ se e somente se $\models \alpha \leftrightarrow \beta$.

Esboço da Prova:

($\Rightarrow$)
Admita que $\alpha \models\mid \beta$, mas que, não seja o caso que $\models \alpha \leftrightarrow \beta$. Daí, existe pelo menos uma interpretação I_1, na qual $I_1^*(\alpha \leftrightarrow \beta) = F$, ou seja, $I_1^*(\alpha) = V$ e $I_1^*(\beta) = F$. Porém, por hipótese, $I^*(\alpha) = I^*(\beta)$ em qualquer que seja a interpretação I. Logo, um absurdo foi gerado.

($\Leftarrow$)
Admita que $\models \alpha \leftrightarrow \beta$, mas que não seja o caso que $\alpha \models\mid \beta$. Daí, existe pelo menos uma interpretação I_1, na qual $I_1^*(\alpha) = V$ e $I_1^*(\beta) = F$. Porém, por hipótese, $I^*(\alpha \leftrightarrow \beta) = V$ em qualquer interpretação I, o que nos conduz a um absurdo, dado que em I_1, $I_1^*(\alpha \rightarrow \beta) = F$.

O que a observação anterior garante é que para verificar se α e β são equivalentes, basta verificarmos se a bi-implicação cujos componente são α e β é uma tautologia.

Exemplos:

1) $p \wedge q$ e $\sim(\sim p \vee \sim q)$ são fórmulas equivalentes, pois $\models (p \wedge q) \leftrightarrow \sim(\sim p \vee \sim q)$.

2) p e $p \vee p$ são fórmulas equivalentes, pois $\models p \leftrightarrow (p \vee p)$.

3) $p \rightarrow q$ e $\sim p \vee q$ são fórmulas equivalentes, pois $\models (p \rightarrow q) \leftrightarrow (\sim p \vee q)$.

Observação: Se $\alpha \models\mid \alpha'$ e $\beta \models\mid \beta'$, então segue-se:

1. $\sim\alpha \models\mid \sim\alpha'$
2. $\alpha \wedge \beta \models\mid \alpha' \wedge \beta'$
3. $\alpha \vee \beta \models\mid \alpha' \vee \beta'$
4. $\alpha \rightarrow \beta \models\mid \alpha' \rightarrow \beta'$
5. $\alpha \leftrightarrow \beta \models\mid \alpha' \leftrightarrow \beta'$

Observação: Se α, β, δ são fórmulas tais que $\beta \models\mid \delta$ e α' resulta da troca de alguma (não necessariamente todas) ocorrência de β por δ em α, então segue-se que $\alpha \models\mid \alpha'$.

Observação: Admita que a seja uma fórmula constituída de letras sentenciais e dos conectivos $\sim$, $\wedge$, $\vee$, e que α' seja a fórmula resultante da troca de cada ocorrência do conectivo $\wedge$, em α, pelo conectivo $\vee$, e cada letra sentencial por sua negação. Então, segue-se que $\alpha' \models\mid \sim\alpha$.

Completude Funcional: Interdefinibilidade dos conectivos lógicos

Um conjunto de conectivos tem a propriedade da completude funcional se todos outros conectivos lógicos podem ser definidos em função dele.

I. { $\sim$, $\wedge$ } é um conjunto que goza da propriedade da completude funcional, pois podemos definir a disjunção, a implicação e a biimplicação como se segue:

$(\alpha\vee\beta)$ pode ser definido como $\sim(\sim\alpha\wedge\sim\beta)$
$(\alpha\rightarrow\beta)$ pode ser definido como $\sim(\alpha\wedge\sim\beta)$
$(\alpha\leftrightarrow\beta)$ pode ser definido como $(\sim(\alpha\wedge\sim\beta)\wedge\sim(\beta\sim\alpha))$

II. { $\sim$, $\vee$} é um conjunto que goza da propriedade da completude funcional, pois podemos definir a conjunção, a implicação e a biimplicação como se segue:

$(\alpha\wedge\beta)$ pode ser definido como $\sim(\sim\alpha\vee\sim\beta)$
$(\alpha\rightarrow\beta)$ pode ser definido como $(\sim\alpha\vee\beta)$
$(\alpha\leftrightarrow\beta)$ pode ser definido como $\sim(\sim(\sim\alpha\vee\beta)\vee\sim(\sim\beta\vee\alpha))$

III. {~ , →} é um conjunto que goza da propriedade da completude funcional, pois podemos definir a conjunção, a implicação e a biimplicação como se segue:

$(\alpha\wedge\beta)$ pode ser definido como $\sim(\alpha\rightarrow\sim\beta)$
$(\alpha\vee\beta)$ pode ser definido como $(\sim\alpha\rightarrow\beta)$
$(\alpha\leftrightarrow\beta)$ pode ser definido como $\sim((\alpha\rightarrow\beta)\rightarrow\sim(\beta\rightarrow\alpha))$

Outros conectivos

Também podemos definir dois outros conectivos, simbolizados por '↓' e '↑',definidos pelas seguintes tabelas e tais que a fórmula '$(\alpha\downarrow\beta)$' é lida como: **não α ou não β;** e a fórmula '$(\alpha\uparrow\beta)$' é lida como: **não α e não β.**

α	β	α↓β	α↑β
V	V	F	F
V	F	V	F
F	V	V	F
F	F	V	V

Observe que $(\alpha\downarrow\beta)$ é equivalente a $\sim(\alpha\wedge\beta)$, (que por sua vez é equivalente a $(\sim\alpha\vee\sim\beta)$) como podemos notar na tabela de verdade abaixo:

α	β	(α∧β)	~(α∧β)	(α↓β)	(α↓β)↔~(α∧β)
V	V	V	F	F	V
V	F	F	V	V	V
F	V	F	V	V	V
F	F	F	V	V	V

{↓} é um conjunto que goza da propriedade da completude funcional, pois podemos definir a negação, a conjunção, a disjunção, a implicação e a biimplicação como se segue:

$\sim\alpha$ pode ser definido como $(\alpha\downarrow\alpha)$
$(\alpha\wedge\beta)$ pode ser definido como$(\alpha\downarrow\beta)\downarrow(\alpha\downarrow\beta)$
$(\alpha\vee\beta)$ pode ser definido como$(\alpha\downarrow\alpha)\downarrow(\beta\downarrow\beta)$
$(\alpha\rightarrow\beta)$ pode ser definido como$(\alpha\downarrow(\beta\downarrow\beta))$
$(\alpha\leftrightarrow\beta)$pode ser definido como: $(\,((\alpha\downarrow(\beta\downarrow))\downarrow(\beta\downarrow(\alpha\downarrow\alpha)))\downarrow(\,((\alpha\downarrow(\beta\downarrow\beta))\downarrow(\beta\downarrow(\alpha\downarrow)))$

Observe que$(\alpha\uparrow\beta)$ é equivalente a $\sim(\alpha\vee\beta)$, (que por sua vez é equivalente a $(\sim\alpha\wedge\sim\beta)$) como podemos notar na tabela de verdade abaixo:

α	β	$(\alpha\vee\beta)$	$\sim(\alpha\vee\beta)$	$(\alpha\uparrow\beta)$	$(\alpha\uparrow\beta)\leftrightarrow\sim(\alpha\vee\beta)$
V	V	V	F	F	V
V	F	V	F	F	V
F	V	V	F	F	V
F	F	F	V	V	V

$\{\uparrow\}$ é um conjunto que goza da propriedade da completude funcional, pois podemos definir a negação, a conjunção, a disjunção, a implicação e a biimplicação como se segue:

$\sim\alpha$ pode ser definido como $(\alpha\uparrow\alpha)$
$(\alpha\wedge\beta)$ pode ser definido como$(\alpha\uparrow\alpha)\uparrow(\beta\uparrow\beta)$
$(\alpha\vee\beta)$ pode ser definido como$(\alpha\uparrow\beta)\uparrow(\alpha\uparrow\beta)$
$(\alpha\rightarrow\beta)$ pode ser definido como$((\alpha\uparrow\alpha)\uparrow\beta)\uparrow(((\alpha\uparrow\alpha)\uparrow\beta))$
$(\alpha\leftrightarrow\beta)$pode ser definido como:
$(((\alpha\uparrow\alpha)\uparrow\beta)\uparrow(((\alpha\uparrow\alpha)\uparrow\beta))\uparrow((\alpha\uparrow\alpha)\beta)\uparrow(((\alpha\uparrow\alpha)\uparrow\beta))\uparrow((\beta\uparrow\beta)\uparrow\alpha)\uparrow(((\beta\uparrow\beta)\uparrow\alpha))\uparrow((\beta\uparrow\beta)\uparrow\alpha)\uparrow(((\beta\uparrow\beta)\alpha))$

Exercícios Propostos

1. Explique cada um dos seguintes conceitos:

a) Interpretação na LS
b) Tautologia
c) Contradição
d) Fórmula Contingente
e) Fórmula Válida
f) Fórmula Inválida
g) Fórmula Satisfazível
h) Fórmula Insatisfazível
i) Conjunto Satisfazível
j) Conjunto Insatisfazível
k) Relação de Consequência Tautológica
l) Relação de Equivalência Tautológica

2. Dada a fórmula α: $p\rightarrow(q\wedge p)$, exiba uma interpretação I_1 na qual α seja falsa; e uma interpretação I_2 na qual α seja verdadeira.

3. Em cada item que se segue, complete as lacunas adequadamente de modo a obter afirmações verdadeiras:

a) Qualquer .... é consequência tautológica de qualquer conjunto de fórmulas da LS.

b) Se Σ for um conjunto .... de fórmulas da LS, então qualquer fórmula da LS será consequência tautológica de Σ.

c) Se α for uma fórmula atômica da LS, então α será uma ....

4. Em cada item que se segue, determine o que se pede, justificando sua resposta:

a) uma fórmula α e uma fórmula β de modo que $\alpha \models \beta$.
b) uma fórmula α e uma fórmula β de modo que β não seja consequência tautológica de α.
c) um conjunto de fórmulas Σ e uma fórmula β de modo que, $\Sigma \models \beta$.
d) um conjunto de fórmulas Σ e uma fórmula β de modo que, β não seja consequência tautológica de Σ.
e) um conjunto de fórmulas Σ de modo que, para qualquer que seja a fórmula β, $\Sigma \models \beta$.
f) uma fórmula β de modo que, para qualquer que seja o conjunto de fórmulas Σ, $\Sigma \models \beta$.

5. Classifique a afirmação abaixo como Verdadeira ou Falsa:

> Se Σ for um conjunto de fórmulas da LS e β uma fórmula da LS, de modo que $\Sigma \models \beta$, então $\Sigma \cup \{\sim \beta\}$ será um conjunto insatisfazível.

6. Dê exemplo de uma fórmula α e uma fórmula β (da LS), de modo que α e β sejam tautologicamente equivalentes.

7. Em cada item, dadas as fórmulas α e β, verifique se α e β são equivalentes:

a) α: $(p \wedge q) \rightarrow r$
β: $p \rightarrow (q \rightarrow r)$

b) α: $p \wedge (q \vee r)$
β: $(p \wedge q) \vee (p \wedge r)$

c) α: $p \rightarrow (q \vee p)$
β: $(p \wedge q) \rightarrow q$

8. Em cada item, dê exemplo de uma fórmula α da LS de modo que α seja:

a) uma disjunção que seja uma tautologia
b) uma conjunção que seja uma tautologia
c) uma disjunção que seja uma contradição
d) uma conjunção que seja uma contradição
e) uma fórmula molecular que seja contingente

f) uma implicação que seja uma tautologia
g) uma implicação que seja uma contradição
h) uma implicação que seja contingente
i) uma bi-implicação que seja uma tautologia
j) uma bi-implicação que seja uma contradição
k) uma negação que seja uma tautologia
l) uma negação que seja uma contradição

9. Admitindo-se que β seja uma fórmula qualquer da LS, em cada item que se segue, dê exemplo de uma fórmula α da LS, de modo que:

a) $\alpha \rightarrow \beta$ seja uma tautologia
b) $(\beta \vee \sim\beta) \rightarrow \alpha$ seja uma tautologia
c) $(\beta \vee \sim\beta) \rightarrow \alpha$ seja uma contradição
d) $\beta \rightarrow \sim\alpha$ seja uma contingência

10. Classifique as afirmações abaixo como Verdadeiras ou Falsas, justificando a sua resposta:

A) Nem toda fórmula da LS é consequência tautológica de $(q \vee \sim q) \rightarrow (p \wedge \sim p)$.
B) Se α for a fórmula $(p \rightarrow (r \rightarrow p))$, então α será consequência tautológica de qualquer conjunto Γ de fórmulas da LS .
C) Uma condição necessária para que $(\alpha \rightarrow \beta)$ seja uma tautologia é que α seja uma contradição.

11. Três funcionários de uma agência bancária, cujos nomes são Alberto, Bruno e Cláudio, suspeitos de envolvimento em uma fraude, foram levados a uma delegacia de polícia e prestaram os seguintes depoimentos:

> Alberto declarou: Se Bruno não cometeu a fraude, então Cláudio a cometeu.
> Bruno declarou: Se Cláudio não cometeu a fraude, então Alberto não a cometeu.
> Cláudio declarou: Alberto ou Bruno cometeu a fraude.

A partir desses dados, responda:

(a) Cada depoimento é satisfazível?
(b) O conjunto consistindo de todos os depoimentos é satisfazível?
(c) Admitindo-se que exatamente um dos três homens tenha cometido a fraude e que todos os depoimentos sejam verdadeiros, quem cometeu a fraude?
(d) Admitindo-se que apenas Alberto tenha cometido a fraude, quem mentiu?

(e) Admitindo-se que exatamente um dos três homens tenha cometido a fraude e que apenas o depoimento de Cláudio seja verdadeiro, quem cometeu a fraude?
(f) O depoimento de Alberto é consequência lógica do depoimento de Cláudio?

12. Em seu aniversário de seis anos, Lucas ganhou exatamente três brinquedos: uma bola, um boneco e uma bicicleta. Cada um desses presentes foi dado pelo pai, pela avó e pela tia de Lucas, não necessariamente nessa ordem. Sabe-se que apenas uma das três afirmações a seguir é verdadeira:

A bola foi o presente dado pelo pai de Lucas.
O boneco não foi o presente dado pelo pai de Lucas.
A bicicleta não foi o presente dado pela tia de Lucas.

A partir destas informações, é correto concluir que os presentes dados a Lucas pelo pai, avó e tia foram, respectivamente: ....

13. Dê exemplo de um argumento válido da LS. (justifique)

14. Dê exemplo de um argumento inválido da LS. (justifique)

15. Ana, Bia e Cris fizeram as seguintes declarações:

Ana afirmou: Bia fala inglês e alemão.
Bia afirmou: Eu não falo inglês.
Cris afirmou: Se Bia fala inglês, então eu falo alemão.

A partir de tais informações é correto concluir que:

a) a declaração de Ana é consequência lógica da declaração de Cris?
b) o conjunto constituído pelas declarações de Ana, Bia e Cris é um conjunto satisfazível?

16. Arnaldo, Beto e Carlos têm as seguintes características: Um deles é louro, outro é moreno e outro é ruivo. Arnaldo mente sempre que Beto diz a verdade. Carlos mente quando Beto mente. Cada um deles fez uma das seguintes afirmações:

Arnaldo afirmou: Eu sou brasileiro ou não sou brasileiro.
Beto afirmou: Eu sou louro ou Carlos é ruivo.
Carlos afirmou: Beto é ruivo

Considerando o que foi exposto acima, quem é o louro, quem é o moreno e quem é o ruivo ?

Capítulo 5
Sistemas Dedutivos

'Nem tudo pode ser provado, já que, de outra maneira, a cadeia das provas seria interminável. Como temos de começar nalgum sítio, começamos com coisas que admitimos, mas que são indemonstráveis'.
Aristóteles

Sistemas Dedutivos são estruturas que permitem a representação e a dedução formal de conhecimento.

Eles são constituídos de (i) uma ***linguagem***, de (ii) um conjunto, possivelmente vazio, de fórmulas que são chamadas de ***axiomas***, e de (iii) um conjunto de regras chamadas ***regras de inferência*** ou ***regras de dedução***.

As noções de Prova, Teorema e Consequência Dedutiva

Em tais sistemas são definidas as noções de ***prova***, ***teorema*** e ***relação de consequência dedutiva*** (***consequência sintática***).

A noção de ***prova*** de uma fórmula a é definida no âmbito de cada sistema. Tal noção varia de sistema para sistema.

Uma fórmula a é um ***teorema*** de um sistema dedutivo SD se existe uma prova de a em SD.

É usual representar o fato de que uma fórmula α é um teorema de um sistema DS, antepondo-se o sinal '$\vdash$' a α, da seguinte forma: $\vdash \alpha$.

A noção de *consequência dedutiva* também é definida no escopo de cada sistema.

No âmbito do presente texto, serão apresentados quatro sistemas dedutivos para a Lógica Sentencial. São eles: Sistema Axiomático, Sistema de Dedução Natural, Sistema de Tableaux Semânticos eSistema de Resolução. Dentre os quatro sistemas citados, o único cujo conjunto de axiomas é não vazio, é o Sistema Axiomático.

Relação entre a semântica da LS e os Sistemas Dedutivos para a LS

Na apresentação da LS através de um Sistema Dedutivo, as fórmulas e as regras são manipuladas mecanicamente como entidades sintáticas. As fórmulas são tratadas como cadeias de símbolos a partir das quais novas fórmulas são obtidas por intermédio de aplicações das regras de inferência do sistema em pauta, sem qualquer apelo semântico. Porém, poderíamos dizer informalmente que há uma ponte entre a semântica e o aparato dedutivo de qualquer sistema que descreva a Lógica Sentencial Clássica - no sentido de que o conjunto dos teoremas de tais sistemas é idêntico ao conjunto das tautologias. Essa característica é enunciada em dois teoremas conhecidos pelos rótulos de "'Teorema da Corretude' e 'Teorema da Completude'. Vamos enunciá-los a seguir:

Teorema da Corretude da LS

A Lógica Sentencial Clássica é correta. Em outras palavras:

Seja α uma fórmula da LS e SD um Sistema Dedutivo da LS:

Se α for um teorema de SD, então α será uma tautologia.

Simbolicamente: Se $\vdash_{SD} \alpha$, então $\models \alpha$.

Observação: A propriedade da corretude traduz o fato de que, em um sistema dedutivo correto, prova-se apenas aquilo que é válido.

Teorema da Completude da LS

A Lógica Sentencial Clássica é completa. Em outras palavras:

Seja α uma fórmula da LS e SD um Sistema Dedutivo da LS:

Se α for uma tautologia, então α será um teorema de SD.

Simbolicamente: Se $\models \alpha$, então $\vdash_{SD} \alpha$.

Observação: A propriedade da completude, traduz o fato de que, num sistema dedutivo completo, prova-se tudo aquilo que é válido.

Outras Propriedades de um Sistema Dedutivo SD

Consistência

Um Sistema Dedutivo SD será ***consistente*** se nele não puderem ser deduzidas duas fórmulas contraditórias, ou seja, uma fórmula e sua negação. Caso contrário, SD será **inconsistente**.

Decidibilidade

Um sistema formal SD é ***decidível*** se para toda fórmula a de SD podemos determinar se a é um teorema de SD ou se a não é um teorema de SD.

A utilidade das ferramentas fornecidas pelos Sistemas Dedutivos

Em face dessa ponte entre semântica e aparato dedutivo, estabelecida através da correção e da completude da LS, podemos então, nos valer das ferramentas fornecidas pelos sistemas dedutivos para responder a perguntas do tipo:

a. $\models \alpha$?

b. dado $\Gamma = \{\alpha_1, \dots, \alpha_n\}$, $\Gamma \models \beta$?

c. dado $\Gamma = \{\alpha_1, \dots, \alpha_n\}$, Γ é um conjunto insatisfazível ?

d. $\alpha \models\mid \beta$?

Para responder a tais perguntas, é suficiente verificar, respectivamente, se:

(a) $\vdash_{SD} \alpha$?

(b) $\vdash_{SD} (\alpha_1 \wedge \dots \wedge \alpha_n) \rightarrow \beta$?

(c) $\vdash_{SD} \sim(\alpha_1 \wedge \dots \wedge \alpha_n)$? e

(d) $\vdash_{SD} \alpha \leftrightarrow \beta$?

Vamos iniciar a apresentação dos Sistemas Dedutivos para a LS a partir do Sistema do Sistema Axiomático.

Sistema Axiomático

É sabido que foi Aristóteles o primeiro a descrever em que consiste o método axiomático, em seu livro *Segundos Analíticos*; contudo foi Euclides de Alexandria quem pela primeira vez propos uma axiomática para a geometria em sua célebre obra *Os Elementos*. No entanto, o método axiomático só adquiriu maturidade no final do século XIX, principalmente devido aos trabalhos do matemático David Hilbert. Em seus *Fundamentos de Geometria*, 1899, Hilbert apresenta uma axiomatização da Geometria Euclideana. Cabe ressaltar que Hilbert não via necessidade de atribuir conteúdo intuitivo aos conceitos utilizados, como as definições pareciam pretender. Do ponto de vista de Hilbert esses conceitos teriam o seu papel determinado pelos axiomas da teoria. Disso nasce uma polêmica entre o matemático Gottob Frege (1848-1925) e Hilbert a respeito da natureza do método axiomático. Para Frege, os conceitos deveriam ser evidentes, intuitivos, ao passo que, para Hilbert, a sua interpretação seria independente da sua contraparte formal. Isso não quer dizer que Hilbert defendesse que a matemática deveria se tornar um puro jogo combinatório, destituída de significado, como ficou difundido em tempos modernos.

Apresentação Axiomática

Apresentar uma teoria através de um sistema axiomático consiste em escolher um conjunto de sentenças que devem funcionar como hipóteses do raciocínio nessa teoria, mas que não são elas próprias resultados de nenhum raciocínio elaborado no contexto dessa teoria. Tais sentenças são escolhidas como ponto de partida na construção ou descrição da teoria que está sendo axiomatizada. Essas sentenças são chamadas ***axiomas***. Segundo a concepção de Aristóteles, os axiomas de uma teoria teriam um caráter de autoevidência e de indemonstrabilidade. Seriam as verdades primeiras de uma teoria, que seriam aceitas sem qualquer justificativa ou demonstração. Em tal contexto, esas seriam indemonstráveis, ao passo que, as demais verdades da teoria, chamadas de ***teoremas*** da teoria, careceriam de demonstração. Demonstrar um teorema é explicitar passo a passo o raciocínio que garante que esse segue-se, ou ainda, é consequência lógica do conjunto de axiomas. Os teoremas de uma teoria são as sentenças da teoria que são demonstráveis a partir do conjunto de axiomas da teoria e das regras de inferências explicitadas.

Na atualidade, o conceito de axioma perdeu o caráter de autoevidência e de indemonstrabilidade no sentido estrito, principalmente em decorrência do fato de que ser indemonstrável é uma questão relativa. Por exemplo, uma dada sentença pode ser demonstrável a partir de um conjunto de axiomas, porém pode não ser demonstrável a partir de outro conjunto de axiomas.

Assim, nos dias atuais, por um conjunto de axiomas, entende-se um conjunto de sentenças que não são passíveis de serem demonstradas no contexto particular ao qual pertencem.

No âmbito de um sistema axiomático, uma regra de inferência é um mecanismo que permite transformar fórmulas em outras fórmulas. Uma regra de inferência representa um tipo de inferência legítima no sistema em pauta. Cabe ressaltar que a noção de axiomatização não pressupõe a noção de formalização. Um domínio do conhecimento pode ser axiomatizado, sem contudo ser formalizado. Por exemplo, os axiomas da Geometria Euclidiana foram formulados muito antes de que esse domínio tivesse sido formalizado.

Sistema Axiomático para a LS

Este sistema difere do Sistema apresentado por S.C. Kleene em 1952, apenas no EAx2. Pode-se apresentar outras axiomáticas para a Lógica Sentencial Clássica, distintas da que será apresentada a seguir. Ao longo do século XX foram apresentadas várias delas.

Linguagem

A linguagem do Sistema Axiomático para a LS consiste das fórmulas da LS.

Esquemas de Axiomas

A seguir serão listados dez esquemas de axiomas.

Eax1: $\alpha\rightarrow(\beta\rightarrow\alpha)$
Eax 2: $(\alpha\rightarrow\beta)\rightarrow(((\alpha\rightarrow(\beta\rightarrow\varphi))\rightarrow(\alpha\rightarrow\varphi))$
Eax 3: $\alpha\rightarrow(\beta\rightarrow(\alpha\wedge\beta))$
Eax 4: $(\alpha\wedge\beta)\rightarrow\alpha$
Eax 5: $(\alpha\wedge\beta)\rightarrow\beta$
Eax 6: $\alpha\rightarrow(\alpha\vee\beta)$
Eax 7: $\beta\rightarrow(\alpha\vee\beta)$

Eax 8: $(\alpha\rightarrow\beta)\rightarrow((\alpha\rightarrow\theta)\rightarrow((\alpha\vee\beta)\rightarrow\theta))$
Eax 9: $(\alpha\rightarrow\beta)\rightarrow((\alpha\rightarrow\sim\beta)\rightarrow\sim\alpha)$
Eax 10: $\sim\sim\alpha\rightarrow\alpha$

Cabe ressaltar que α, β e θ são fórmulas quaisquer. Cada esquema de axioma acima deve ser entendido como uma fôrma que indica que fórmulas são axiomas desse sistema. Serão axiomas, apenas as fórmulas que possuírem a forma dos esquemas acima. Por exemplo, as fórmulas $q\rightarrow((p\vee q)\rightarrow q)$ e $(r\wedge q)\rightarrow((p\vee q)\rightarrow(r\wedge q))$ são axiomas, pois possuem a forma do esquema Eax1; a fórmula $(q\wedge p)\rightarrow p$ é um **axioma**, pois possui a forma do esquema Eax 5.

Regra de Inferência

A única regra de inferência utilizada no Sistema Axiomático para a LS é a regra chamada Modus Ponens (MP) que será enunciada a seguir:

Se α e β forem fórmulas, então de α e de $\alpha\rightarrow\beta$, deduza β.

Prova

Uma ***Prova*** de uma fórmula em um Sistema Axiomático, é uma sequência $\alpha_1, \ldots, \alpha_n$, em que α_n é α e, para cada i, $1 \leq i \leq n$, α_i é uma instância de um esquema de axioma ou existem α_j, α_k na sequência, com $j, k < i$, tais que α_i é consequência imediata de α_j, α_k, por Modus Ponens.

Teorema

Uma fórmula α será ***teorema*** do Sistema Axiomático para a LS, se existir uma prova de α; simbolicamente: $\vdash_{LS}$.

Deve-se notar que cada instância de um esquema de axioma (i.é, cada axioma) é um teorema,pois ela própria é uma prova, de comprimento 1, de si própria. Por exemplo, se δ for a fórmula $p\rightarrow(p\vee p)$, segue-se que δ é um teorema, visto que existe uma prova (de comprimento 1) de δ, i.é.,

ax 6 $\quad 1 \vdash_{LS} p\rightarrow(p\vee p)$,

Exemplo: Para mostrar que a fórmula $p\rightarrow p$ é um teorema do Sistema Axiomático para a LS deve-se construir uma sequência de fórmulas em que a última fórmula que nela figure seja $p\rightarrow p$ e as demais sejam exemplares de esquemas de axiomas ou sejam consequência de membros anteriores da sequência por aplicação da regra de Modus Ponens (MP). Assim, temos:

ax 2	1	$\vdash_{LS}$ $(p\to(p\vee q))\to(((p\to((p\vee q)\to p))\to(p\to p))$
ax 6	2	$\vdash_{LS}$ $p\to(p\vee q)$
1, 2, MP	3	$\vdash_{LS}$ $((p\to((p\vee q)\to p))\to(p\to p)$
ax1	4	$\vdash_{LS}$ $p\to((p\vee q)\to p)$
4,3, MP	5	$\vdash_{LS}$ $p\to p$

Exemplos:

A) $\vdash_{LS}$ $((p\wedge q)\to\sim p)\to\sim(p\wedge q)$

ax 9	1	$\vdash_{LS}$ $((p\wedge q)\to p)\to(((p\wedge q)\to\sim p))\to\sim(p\wedge q))$
ax 6	2	$\vdash_{LS}$ $((p\wedge q)\to p)$
1, 2, MP	3	$\vdash_{LS}$ $(((p\wedge q)\to\sim p))\to\sim(p\wedge q))$

B) $\vdash_{LS}$ $(p\vee q)\to(q\vee p)$

ax8	1	$\vdash_{LS}$ $(p\to(q\vee p))\to((q\to(q\vee p))\to((p\vee q)\to(q\vee p)))$
ax7	2	$\vdash_{LS}$ $(p\to(q\vee p))$
1, 2, MP	3	$\vdash_{LS}$ $(q\to(q\vee p))\to((p\vee q)\to(q\vee p))$
ax6	4	$\vdash_{LS}$ $(q\to(q\vee p))$
4, 3, MP	5	$\vdash_{LS}$ $(p\vee q)\to(q\vee p))$

C) $\vdash_{LS}$ $(p\wedge q)\to(p\vee q)$

ax2	1	$\vdash_{LS}$ $((p\wedge q)\to p)\to(((p\wedge q)\to(p\to(p\vee q)))\to((p\wedge q)\to(p\vee q))$
ax4	2	$\vdash_{LS}$ $((p\wedge q)\to p)$
2,1, MP	3	$\vdash_{LS}$ $(((p\wedge q)\to(p\to(p\vee q)))\to((p\wedge q)\to(p\vee q))$
ax1	4	$\vdash_{LS}$ $(p\to(q\vee p))\to((p\wedge q)\to(p\to(q\vee p)))$
4, 3, MP	5	$\vdash_{LS}$ $(p\to(q\vee p))$
5, 4 MP	6	$\vdash_{LS}$ $(p\wedge q)\to(p\to(q\vee p))$
6, 3 MP	7	$\vdash_{LS}$ $(p\wedge q)\to(p\vee q)$

D) $\vdash_{LS}\sim(p\wedge\sim p)$

Ax9	1	$\vdash_{LS}((p\wedge\sim p)\to p)\to(((p\wedge\sim p)\to\sim p)\to\sim(p\wedge\sim p))$
Ax4	2	$\vdash_{LS}((p\wedge\sim p)\to p)$
1,2 , MP	3	$\vdash_{LS}(((p\wedge\sim p)\to\sim p)\to\sim(p\wedge\sim p))$
Ax5	4	$\vdash_{LS}((p\wedge\sim p)\to\sim p)$
4,3, MP	5	$\vdash_{LS}\sim(p\wedge\sim p)$

Consequência Dedutiva no Sistema Axiomático para a LS

Seja β uma fórmula e Γ um conjunto de fórmulas $\{\alpha_1, \ldots, \alpha_n\}$.

A fórmula β será ***consequência dedutiva de*** Γ no Sistema Axiomático para a LS, se existir uma sequência $\alpha_1, \ldots, \alpha_n$ tal que, para cada $1 \leq i \leq n$, tem-se:

(1) α_i é uma instância de um esquema de axioma; ou

(2) $\alpha_i \in \Gamma$; ou

(3) α_i é consequência de dois membros anteriores da sequência por intermédio da Regra de Modus Ponens.

É usual dizer-se que a sequência $\alpha_1, \ldots, \alpha_n$ é uma dedução de β (a partir de Γ). Simbolicamente: $\Gamma \vdash_{SAx} \beta$.

Cabe observar que as fórmulas que são consequências dedutivas do conjunto vazio são os teoremas do Sistema Axiomático.

Exemplo: Dados $\Gamma = \{p, q\}$ e $\beta = r \vee (p \wedge q)$, para mostrar que a fórmula $\Gamma \vdash_{SAx} \beta$, deve-se construir uma sequência de fórmulas em que a última fórmula que nela figure seja β e as demais sejam exemplares de esquemas de axiomas, ou sejam elementos de Γ, ou sejam consequência de membros anteriores da sequência por aplicação da regra de Modus Ponens. Assim, temos:

$\in \Gamma$	1 p
$\in \Gamma$	2 q
ax 3	3 $p \to (q \to (p \wedge q))$
1,2,MP	4 $q \to (p \wedge q)$
2,4,MP	5 $p \wedge q$
ax 7	6 $(p \wedge q) \to (r \vee (p \wedge q))$
5,6,MP	7 $r \vee (p \wedge q)$

Exemplo: Dados $\Gamma = \{p \to q, q \to r\}$ e $\beta = p \to r$, vamos mostrar que a $\Gamma \vdash_{SAx} \beta$:

$\in \Gamma$	1 $p \to q$
$\in \Gamma$	2 $q \to r$
Ax2	3 $(p \to q) \to ((p \to (q \to r)) \to (p \to r))$
1,3, MP	4 $(p \to (q \to r)) \to (p \to r))$
Ax1	5 $(q \to r) \to (p \to (q \to r))$
2,4 MP	6 $(p \to (q \to r))$
6,4, MP	7 $p \to r$

Cabe ter presente que:

- se Σ e Σ' forem conjuntos de fórmulas tais que $\Sigma \subseteq \Sigma'$, então, qualquer dedução a partir de Σ será também uma dedução a partir de Σ'. Vale observar que os teoremas do Sistema Axiomático para LS são consequências de qualquer conjunto de fórmulas da linguagem da LS;

- qualquer sequência inicial $\alpha_1, \ldots, \alpha_k$ de uma dedução a partir de Σ é uma dedução a partir de Σ.

- se $\alpha_1, \ldots, \alpha_n$ e $\beta_1, \ldots, \beta_m$ forem deduções a partir de Σ, então a sequência $\alpha_1, \ldots, \alpha_n, \beta_1, \ldots, \beta_m$ será uma dedução a partir de Σ. Ou seja, a introdução de uma consequência de Σ como termo de uma dedução a partir de Σ é legitima.

Metateorema da Dedução

Se $\Gamma \cup \{\alpha\} \vdash \beta$, então $\Gamma \vdash \alpha \rightarrow \beta$.

Esse metateorema expressa o fato de que para mostrar que uma implicação é dedutível de um conjunto de fórmulas, possivelmente vazio, é suficiente mostrar que o consequente da implicação é dedutível do conjunto original acrescido do antecedente da implicação. A seguir, será apresentada a sua prova:

Exemplos do uso do Metateorema da Dedução:

1) Dados $\Gamma = \{p \rightarrow (q \rightarrow r)\}$ e Ψ: $(p \wedge q) \rightarrow r$, mostre que $\Gamma \vdash \Psi$.

$\in \Gamma$	1. $p \rightarrow (q \rightarrow r)$	
$\in \Gamma'$	2. $p \wedge q$	onde $\Gamma' = \Gamma \cup \{p \wedge q\}$
Eax4	3. $(p \wedge q) \rightarrow p$	
2,3,MP	4. p	
4,1,MP	5. $(q \rightarrow r)$	
Eax5	6. $(p \wedge q) \rightarrow q$	
2,6,MP	7. q	
7,5,MP	8. r	
2,8 MTD	9. $(p \wedge q) \rightarrow r$	

2) Admitindo-se que β seja a fórmula $((p \wedge q) \rightarrow r) \rightarrow (p \rightarrow (q \rightarrow r))$, mostre que $\vdash \beta$.

Para mostrar que β é um teorema, vamos mostrar que β é dedutível do conjunto vazio, ou seja, $\Gamma = \varnothing$. Como β é uma implicação, vamos mostrar que $\{(p \wedge q) \rightarrow r\} \vdash p \rightarrow (q \rightarrow r)$. Para isso, mostremos que $\{(p \wedge q) \rightarrow r, p\} \vdash q \rightarrow r$. Para isso, mostremos que $\{(p \wedge q) \rightarrow r, p, q\} \vdash r$.

$\in \Gamma'$	1. $(p \wedge q) \rightarrow r$	onde, $\Gamma' = \varnothing \cup \{(p \wedge q) \rightarrow r\}$
$\in \Gamma''$	2. p	onde, $\Gamma'' = \Gamma' \cup \{p\}$
$\in \Gamma'''$	3. q	onde, $\Gamma''' = \Gamma'' \cup \{q\}$
Eax3	4. $p \rightarrow (q \rightarrow (p \wedge q))$	
2,4,MP	5. $q \rightarrow (p \wedge q)$	
3,5,MP	6. $p \wedge q$	
6,1,MP	7. r	
3,7,MTD	8. $q \rightarrow r$	
2,8,MTD	9. $p \rightarrow (q \rightarrow r)$	
1,9,MTD	10. $((p \wedge q) \rightarrow r) \rightarrow (p \rightarrow (q \rightarrow r))$	

Observação: Se $\models \alpha$ e $\models \alpha \rightarrow \beta$, então $\models \beta$.

Prova

Admita que α e $\alpha \rightarrow \beta$ sejam tautologias, e suponha por absurdo que b não seja uma tautologia. Então, existe pelo menos uma interpretação I_1 na qual $I_1^*(\beta) = F$. Porém, temos que α e $\alpha \rightarrow \beta$ são verdadeiras em qualquer interpretação e em consequência disto β também é verdadeira em qualquer interpretação. Desse modo, um absurdo foi gerado.

A observação acima expressa o fato de que a regra de Modus Ponens preserva a propriedade "ser tautologia", no sentido de gerar apenas tautologias a partir de tautologias.

O Sistema Axiomático para a LS é Correto e Completo.

Para mostrar que o Sistema Axiomático para a LS é correto, basta mostrar que todos os seus axiomas são tautologias e que a regra de Modus Ponens preserva a validade, ou seja, deduz apenas tautologias a partir de tautologias.

O Sistema Axiomático para a LS é Consistente.

Esboço de uma Prova:

Suponha que a fórmula a seja um teorema do Sistema Axiomático para a LS. Pela corretude de tal sistema, segue-se que α é uma tautologia e, consequentemente, $\sim\alpha$ é uma contradição e assim sendo, $\sim\alpha$ não é um teorema, pois se $\sim\alpha$ fosse um teorema, teríamos pela corretude que $\sim\alpha$ seria uma tautologia, o que entraria em contradição com a hipótese.

Um conjunto Γ de fórmulas é ***consistente***, se não existe fórmula α, tal que $\Gamma \vdash_{SAx} \alpha$ e $\Gamma \vdash_{SAx} \sim\alpha$. Ou seja, não se pode deduzir de Γ α e $\sim\alpha$.

Relação entre Consistência e Satisfazibilidade

Um conjunto Γ de fórmulas será consistente, se e somente se Γ for satisfazível.

Prova

($\Rightarrow$) Admita que Γ seja consistente. Suponha, por absurdo, que Γ seja insatisfazível. Daí segue-se que, $\Gamma \models \alpha$ e $\Gamma \models \sim\alpha$, para qualquer que seja a fórmula α. Daí e da completude do Sistema Axiomático, conclui-se que $\Gamma \vdash \alpha$ e $\Gamma \vdash \sim\alpha$, o que é um absurdo na medida em que Γ é consistente. A prova da Completude não será aqui apresentada.

($\Leftarrow$) Admita que Γ seja satisfazível. Suponha, por absurdo, que Γ seja inconsistente. Daí segue-se que existe uma fórmula a tal que $\Gamma \vdash \alpha$ e $\Gamma \vdash \sim\alpha$. Pela corretude do Sistema Axiomático, conclui-se que $\Gamma \models \alpha$ e $\Gamma \models \sim\alpha$, o que é um absurdo na medida em que Γ seja satisfazível.

Exercícios Propostos

1. Mostre em cada item, que β é consequência dedutiva de Γ no Sistema Axiomático LS.

a) $\Gamma = \{p \vee q, p \rightarrow r, q \rightarrow r\}$ e β: r
b) $\Gamma = \{p \wedge q, p \rightarrow r, q \rightarrow s\}$ e β: $r \wedge s$
c) $\Gamma = \{p \wedge q\}$ e β: $(p \vee r) \wedge (q \vee s)$
d) $\Gamma = \{p \rightarrow (q \rightarrow r), p \wedge q\}$ e β: r
e) $\Gamma = \{p \rightarrow (q \rightarrow r), p \rightarrow q\}$ e β: $p \rightarrow r$
f) $\Gamma = \{(p \wedge q) \rightarrow r\}$ e β: $p \rightarrow (q \rightarrow (r \vee s))$
g) $\Gamma = \{p \rightarrow q, q \rightarrow r\}$ e β: $p \rightarrow r$

2. Admitindo-se que $\Gamma = \{(\sim p \rightarrow q), \sim p\}$, mostre que a fórmula $((r \rightarrow q) \wedge (r \vee q))$ é consequência lógica de Γ no Sistema Dedutivo Axiomático para a LS.

Sistema de Dedução Natural para a LS

Em 1934 dois artigos, sobre uma maneira diferenciada de deduzir em Lógica, chamada *Dedução Natural*, foram publicados independentemente por dois autores que não se conheciam e tampouco tinham conhecimento um do trabalho do outro. São eles: Gerhard Gentzen (1934/5) - 'Untersuchüngenüber das logische Schliessen' e Stanaslaw Jaskowski (1934) - 'On the Rules of Suppositions in Formal Logic'. Esse estilo de dedução é tão importante para a história da Lógica quanto, por exemplo, a descoberta da *Resolução* por Robinson em 1965.

Os Sistemas de Dedução Natural caracterizam-se, principalmente, por não apresentarem um conjunto de axiomas, apresentando apenas um conjunto de regras de inferência.

Para contornar as dificuldades geradas pela inexistência de axiomas, os Sistemas de Dedução Natural incorporam o conceito de hipótese, ou seja, fórmulas podem ser supostas em uma dedução desde que sejam descartadas para a finalização da dedução.

As fórmulas que forem introduzidas nas deduções como hipóteses do uso de alguma regra de inferência, deverão figurar encerradas entre colchetes, com um superindice, como por exemplo, $[\alpha]^i$, de tal modo que o índice 'i' será usado para indicar o momento do descarte da hipótese. Em geral, no âmbito da Dedução Natural, as regras de inferência são de dois tipos: (1) as que introduzem conectivos; e (2) as que eliminam conectivos. Poderíamos dizer que tais regras descrevem o comportamento de cada conectivo, ou ainda, descrevem o significado intuitivo dos conectivos lógicos.

Linguagem

A linguagem do Sistema de Dedução Natural para a LS consiste do conjunto das fórmulas da LS acrescido da fórmula $\perp$ que representa as fórmulas insatisfatíveis da LS.

Regras de Inferências

Regras que eliminam conectivos:

$$\frac{\alpha \wedge \beta}{\alpha}\ \wedge\text{- el} \qquad \frac{\alpha \wedge \beta}{\beta}\ \wedge\text{- el}$$

$$\frac{{}_{ij}(\alpha \vee \beta) \qquad \begin{matrix}[\alpha]^i \\ \vdots \\ \varphi\end{matrix} \qquad \begin{matrix}[\beta]^j \\ \vdots \\ \varphi\end{matrix}}{\varphi}\ \vee\text{ - el}$$

$$\frac{\alpha \qquad (\alpha \rightarrow \beta)}{\beta}\ \rightarrow\text{ - el}$$

$$\begin{matrix}[\sim \alpha]^i \\ \vdots \\ {}_i\dfrac{\bot}{\alpha}\end{matrix}\ \sim\text{ - el}$$

$$\frac{\bot}{\alpha}\ \bot\text{ - el}$$

$$\frac{(\alpha \leftrightarrow \beta)}{(\alpha \rightarrow \beta)}\ \leftrightarrow\text{ - el} \qquad \frac{(\alpha \leftrightarrow \beta)}{(\beta \rightarrow \alpha)}\ \leftrightarrow\text{ - el}$$

Regras que introduzem conectivos:

$$\frac{\alpha \ldots\ldots \beta}{\alpha\wedge\beta}\ \wedge\text{-int} \qquad \frac{\alpha}{\alpha\vee\beta}\ \vee\text{-int} \qquad \frac{\beta}{\alpha\vee\beta}\ \vee\text{-into}$$

$$\begin{array}{c}[\alpha]^{i}\\ \vdots \\ \beta\end{array}$$
$$_{i}\frac{\quad\beta\quad}{(\alpha\rightarrow\beta)}\ \rightarrow\text{-int} \qquad \frac{\alpha \quad \sim\alpha}{\bot}\ \bot\text{-int}$$

$$\begin{array}{c}[\ \alpha]^{i}\\ \vdots \\ \bot\end{array}$$
$$_{i}\frac{\quad\bot\quad}{\sim\alpha}\ \sim\text{-int}$$

$$\frac{(\alpha\rightarrow\beta)\ \ (\beta\rightarrow\alpha)}{\alpha\leftrightarrow\beta}\ \leftrightarrow\text{-int}$$

Em tais regras os travessões separam a(s) hipótese(s), que figura(m) na parte superior, da conclusão, que figura na parte inferior.

Cabe observar que em algumas regras, tais como $\vee$-el , ~ - el , ~-int e $\rightarrow$- int o que figura acima do travessão não são apenas fórmulas, mas sim o que é usual se chamar de ***derivação***. Nas referidas derivações, as fórmulas que figuram entre colchetes são hipóteses da derivação, mas não das regras. Uma vez aplicada a regra a hipótese da derivação é descarregada.

A noção de derivação de uma fórmula a partir de um conjunto de fórmulas

Para mostrar que uma fórmula a da linguagem da LS é derivável de um conjunto de fórmulas Σ, simbolicamente: $\Sigma \vdash \alpha$, devemos proceder conforme é ilustrado a seguir:

Exemplo: $\Sigma = \{ p\rightarrow q , \sim q\}$ e $\alpha : \sim p$

$$
{}^{1}\dfrac{\dfrac{\sim q \qquad \dfrac{[p]^1 \quad p\rightarrow q}{q}\ \rightarrow\text{-el}}{\bot}\ \bot\text{- int}}{\sim p}\ \sim\text{- int}
$$

A derivação acima, de a a partir de Σ, possui o aspecto de uma árvore em que a raiz $\sim p$ aparece abaixo do último travessão. Todas as fórmulas que figuram na derivação ou são fórmulas de Σ ou são hipóteses de alguma das regras de introdução ou de eliminação utilizadas em tal contexto. Observe que ao aplicar a regra $\sim$-int, a hipótese $[p]^1$ é descarregada.

Exemplo: $\Sigma = \{\sim p \vee \sim q\}$ e $\alpha : \sim(p \wedge q)$

$$
{}^{3}\dfrac{{}^{1\,2}\dfrac{\sim p \vee \sim q \qquad \dfrac{[\sim p]^1 \quad \dfrac{[(p \wedge q)]^3}{p}\wedge\text{-el}}{\bot} \qquad \dfrac{[\sim q]^2 \quad \dfrac{[(p \wedge q)]^3}{q}\wedge\text{-el}}{\bot}}{\bot}\ \vee\text{- el}}{\sim(p \wedge q)}\ \sim\text{- int}
$$

As noções Teorema e Prova no Sistema de Dedução para a LS

Para mostrar que um fórmula a da linguagem da LS é um ***teorema*** do Sistema de Dedução Natural devemos mostrar que existe uma derivação de a a partir do conjunto vazio, isto é $\phi \vdash \alpha$, ou simplesmente: $\vdash_{DN} \alpha$, conforme ilustram os exemplos a seguir.

Via de regra, a construção da prova em Dedução Natural se dá de baixo para cima, observando-se primeiramente, a estrutura sintática da fórmula que desejamos mostrar que é um teorema.

a) $(p \wedge q) \rightarrow ((p \vee r) \wedge (q \vee r))$

$[p \wedge q]^1$ $\wedge$-el $[p \wedge q]^1$ $\wedge$-el

p $\vee$-intr q $\vee$-intr

$p \vee r$ $q \vee r$ $\wedge$-intr

---

1 $((p \vee r)) \wedge (q \vee r)$

--- $\rightarrow$-intr

$(p \wedge q) \rightarrow ((p \vee r) \wedge (q \vee r))$

A prova acima possui o aspecto de uma árvore em que a raiz $(p \wedge q) \rightarrow ((p \vee r) \wedge (q \vee r))$ aparece abaixo de um travessão sobre o qual figura o consequente da referida implicação.

Todas as fórmulas que figuram na prova são pedaços da que desejamos mostrar que é um teorema.

A presença de $(p \vee r) \wedge (q \vee r)$ sobre um travessão é legitimada pois decorre da aplicação da regra da introdução do $\wedge$ a partir das fórmulas $p \vee r$ e $q \vee r$, e a presença de cada uma dessas na prova é justificada a partir da aplicação da regra de introdução do $\vee$ tanto a p quanto a q.

A presença tanto de p quanto de q são legitimadas por aplicações da regra da eliminação do $\wedge$ a partir da hipótese do antecedente da raiz $(p \wedge q) \rightarrow ((p \vee r) \wedge (q \vee r))$.

No exemplo anterior queríamos mostrar que uma implicação era teorema, então a segunda preocupação foi tentar construir uma derivação do consequente admitindo-se como hipótese o antecedente.

b) $((p \rightarrow (q \rightarrow r)) \rightarrow ((p \wedge q) \rightarrow r))$

$[(p \wedge q)]^2$ $\wedge$-el p $[p \rightarrow (q \rightarrow r)]^1$

---   --- $\rightarrow$ -el

q $-q \rightarrow r$

--- $\rightarrow$ -el

r

2 --- $\rightarrow$-intr

$((p \wedge q) \rightarrow r))$

1 --- $\rightarrow$-intr

$((p \rightarrow (q \rightarrow r)) \rightarrow ((p \wedge q) \rightarrow r))$

c) $(p \vee q) \rightarrow (\sim p \wedge \sim q)$

$$[\sim(p \vee q)]^1 \quad \dfrac{[p]^2}{p \vee q}\ \vee\text{-int} \qquad\qquad [\sim(p \vee q)]^1 \quad \dfrac{[q]^3}{p \vee q}\ \vee\text{-int}$$

$$_2\dfrac{\qquad\qquad\qquad}{\sim p}\ \sim\text{-int} \qquad _3\dfrac{\qquad\qquad\qquad}{\sim q}\ \sim\text{-int}$$

$$\dfrac{\qquad\qquad\qquad\qquad\qquad\qquad}{\sim p \wedge \sim q}\ \wedge\text{-e}$$

$$\dfrac{\qquad\qquad\qquad}{\sim(p \wedge q) \rightarrow (\sim p \wedge \sim q)}\ \rightarrow\text{-intr}$$

d) $(\sim p \vee \sim q) \rightarrow \sim (p \wedge q)$

$$[(\sim p \vee \sim q)]^1 \qquad \dfrac{[\sim p]^2 \quad \dfrac{[p \wedge q]^4}{p}\ \wedge\text{-el}}{\bot}\ \wedge\text{-int} \qquad \dfrac{[\sim q]^3 \quad \dfrac{[p \wedge q]^4}{q}\ \wedge\text{-el}}{\bot}\ \bot\text{-int}$$

$$_{2\ 3}\dfrac{\qquad\qquad\qquad\qquad\qquad\qquad}{\bot}\ \vee\text{-el}$$

$$_4\dfrac{\qquad\qquad\qquad}{\sim (p \wedge q)}\ \sim\text{-int}$$

$$_1\dfrac{\qquad\qquad\qquad}{(\sim p \vee \sim q) \rightarrow \sim (p \wedge q)}\ \rightarrow\text{-intr}$$

e) $\sim (\sim p \vee \sim q) \rightarrow (p \wedge q)$

$$\dfrac{[\sim p]^2}{(\sim p \vee \sim q)} \quad [\sim (\sim p \vee \sim q)]^1 \qquad\qquad \dfrac{[\sim q]^3}{(\sim p \vee \sim q)}\ \vee\text{-int} \quad [\sim(\sim p \vee \sim q)]^1$$

$$\dfrac{\qquad\qquad\qquad}{\wedge}\ \wedge\text{-int} \qquad\qquad \dfrac{\qquad\qquad\qquad}{\wedge}\ \wedge\text{-int}$$

$$_2\dfrac{\qquad}{p}\ \sim\text{-el} \qquad\qquad _3\dfrac{\qquad}{q}\ \sim\text{-el}$$

$$\dfrac{\qquad\qquad\qquad\qquad\qquad\qquad}{(p \wedge q)}\ \wedge\text{-int}$$

$$\dfrac{\qquad\qquad\qquad}{\sim (\sim p \vee \sim q) \rightarrow (p \wedge q)}\ \rightarrow\text{-intr}$$

Exercício Proposto

1. Mostre que cada fórmula abaixo é um teorema do Sistema de Dedução Natural para a LS.

a) $\sim(p\wedge q) \rightarrow (\sim p\vee\sim q)$
b) $\sim(p\vee q) \rightarrow (\sim p\wedge\sim q)$
c) $\sim(p\rightarrow q) \rightarrow (p\wedge\sim q)$
d) $\sim(p\leftrightarrow q) \rightarrow ((p\wedge\sim q) \vee (\sim p\wedge q))$
e) $(p\rightarrow q) \rightarrow ((p\rightarrow(q\rightarrow r)) \rightarrow (p\rightarrow r))$
f) $(p\rightarrow q) \rightarrow ((p\rightarrow\sim q) \rightarrow \sim p)$

Exercício Resolvido

Solução do problema via dedução natural:

Fábio fez uma confusão: trocou as caixas de giz e papeletas de aulas das professoras Janete, Mônica e Rita. Cada uma delas ficou com a caixa de giz de uma segunda e com a papeleta de uma terceira. A que ficou com a caixa de giz da professora Mônica está com a papeleta de aulas da professora Janete. A partir de tais afirmações, responda:

a) Mônica está com a papeleta de Rita?
b) Janete está com a caixa de giz de Mônica?
c) Rita está com a papeleta de Mônica?
d) Rita está com a caixa de giz de Janete?

Solução:

Convenções:

j: Janete
m: Mônica
r: Rita
jGj: Janete está com a caixa de giz de Janete
mGj: Mônica está com a caixa de giz de Janete
rGj: Rita está com a caixa de giz de Janete
jGm: Janete está com a caixa de giz de Mônica
mGm: Mônica está com a caixa de giz de Mônica
rGm: Rita está com a caixa de giz de Mônica
jGr: Janete está com a caixa de giz de Rita
mGr: Mônica está com a caixa de giz de Rita
rGr: Rita está com a caixa de giz de Rita

Análogo para:

jPj, mPj e rPj
jPm, mPm e rPm
jPr, mPr e rPr

Especificação dos dados do problema:

Nenhuma ficou com a própria caixa de giz:
$\sim jGj \land \sim mGm \land \sim rGr$

Nenhuma ficou com a própria papeleta:
$\sim jPj \land \sim mPm \land \sim rPr$

Cada uma ficou com a caixa de giz de outra:
$(jGm \lor jGr) \land (mGj \lor mGr) \land (rGj \lor rGm)$

Cada uma ficou com apenas uma caixa de giz e que não é a própria:
$(jGm \rightarrow \sim jGr) \land (mGj \rightarrow \sim mGr) \land (rGj \rightarrow \sim rGm)$

Cada caixa de giz está com alguém distinta da própria dona
$(mGj \lor rGj) \land (jGm \lor rGm) \land (jGr \lor mGr)$

Cada caixa de giz está apenas com uma pessoa que não é a proprietária:
$(mGj \rightarrow \sim rGj) \land (jGm \rightarrow \sim rGm) \land (jGr \rightarrow \sim mGr)$

Quem está com a caixa de giz de uma segunda, está com a papeleta de uma terceira:
$(jGm \rightarrow jPr) \land (jGr \rightarrow jPm)$
$(mGj \rightarrow mPr) \land (mGr \rightarrow mPj)$
$(rGj \rightarrow rPm) \land (rGm \rightarrow rPj)$

Quem ficou com a caixa de giz de Mônica, ficou com a papeleta de Janete:
$(jGm \rightarrow jPj) \land (rGm \rightarrow rPj)$

Cada uma está com a papeleta de outra distinta de si:
$(jPm \lor jPr) \land (mPj \lor mPr) \land (rPj \lor rPm)$

Cada uma está com apenas uma papeleta de uma segunda:
$(jPm \rightarrow \sim jPr) \wedge (mPjm \rightarrow \sim mPr) \wedge (rPj \rightarrow \sim rPm)$

Cada papeleta está com alguém que não é sua dona:
$(mPj \vee rPj) \wedge (jPm \vee rPm) \wedge (jPr \vee mPr)$

$[jGm]^1 \quad jGm \rightarrow jPj$
———————— $\rightarrow$-el
$jPj \qquad \sim jPj \qquad [rGm]^2 \quad rGm \rightarrow rPj$
——— $\perp$-el ——————— $\rightarrow$el
$\perp \qquad [rGm]^2 \quad rPj$
——— $\perp$-el ——————— $\wedge$-int
$(jGm \vee rGm) \qquad rGm \wedge rPj \qquad rGm \wedge rPj$
1 2 ———————————————————— $\vee$-el
$\mathbf{rGm \wedge rPj}$
———
$[jPr]^1 \quad jPr \rightarrow jOm \qquad rGm \quad rGm \rightarrow \sim jGm$
———————— $\rightarrow$el ———————— $\rightarrow$el
$jGm \qquad \sim jGm$
———————————————————— $\perp$-int
$\perp$
——— $\perp$-el
$(jPr \vee mPr) \qquad mPr \qquad [mPr]^2$
1 2 ———————————————————— $\vee$-el
mPr

Daí segue-se que:

a) Mônica está com a Papeleta de Rita, pois: (mPr)
b) Janete não está com a caixa de giz de Mônica, pois quem está com a caixa de giz de Mônica é Rita (rGm)
c) Rita não está com a papeleta de Mônica, pois: rPj e $(rPj \rightarrow \sim rPm)$
d) Rita não está com a caixa de giz de Janete, pois: rGm e $(rGm \rightarrow \sim rGj)$.

Sistema Dedutivo de Tableaux Semânticos para a Lógica Sentencial

Em 1955 o método dos Tableaux Semânticos foi descrito independentemente por Evert Beth em: *Semantic Entailment and Formal Derivability* e por Jaakko Hintikka em: *Form and Content in Quantification Theory.*

Um ***tableau*** é uma sequência de fórmulas construídas segundo certas regras e geralmente apresentada na forma de uma árvore.

Linguagem

A ***linguagem*** do Sistema Dedutivo de Tableaux Semânticos para a LS é constituída das fórmulas da LS.

Regras de Inferências

São regras que definem o mecanismo de inferência do sistema em questão. Nesse sistema, elas são de dois tipos: as que prolongam; e as que bifurcam. Vamos apresentá-las a seguir. Para isso, admitamos que a e b sejam fórmulas da LS.

Regras de Inferência que prolongam:

$$R_1 \; \begin{array}{c} \alpha \wedge \beta \\ | \\ \alpha \\ | \\ \beta \end{array} \qquad R_2 \; \begin{array}{c} \sim(\alpha \vee \beta) \\ | \\ \sim\alpha \\ | \\ \sim\beta \end{array} \qquad R_3 \; \begin{array}{c} \sim(\alpha \rightarrow \beta) \\ | \\ \alpha \\ | \\ \sim\beta \end{array} \qquad R_4 \; \begin{array}{c} \sim\sim\alpha \\ | \\ \alpha \end{array}$$

Regras de Inferência que bifurcam:

$$R_5 \; \begin{array}{c} \alpha \vee \beta \\ / \backslash \\ \alpha \quad \beta \end{array} \qquad R_6 \; \begin{array}{c} \sim(\alpha \wedge \beta) \\ / \backslash \\ \sim\alpha \quad \sim\beta \end{array} \qquad R_7 \; \begin{array}{c} \sim(\alpha \rightarrow \beta) \\ / \backslash \\ \sim\alpha \quad \beta \end{array} \qquad R_8 \; \begin{array}{c} \alpha \leftrightarrow \beta \\ / \backslash \\ \alpha \quad \sim\alpha \\ | \quad\; | \\ \beta \quad \sim\beta \end{array} \qquad R_9 \; \begin{array}{c} \sim(\alpha \leftrightarrow \beta) \\ / \backslash \\ \alpha \quad \sim\alpha \\ | \quad\; | \\ \sim\beta \quad \beta \end{array}$$

Tableau associado a um conjunto de fórmulas

Seja Γ o conjunto de fórmulas $\{\alpha_1, \ldots, \alpha_n\}$ da LS.

A definição de tableau associado a Γ é apresentada a seguir:

Admita que a sequência de fórmulas abaixo, apresentada na forma de uma árvore, com um único ramo, em que cada nó é rotulado por cada fórmula de Γ, seja um tableau associado a Γ.

$$\begin{array}{c} \alpha_1 \\ \alpha_2 \\ \alpha_3 \\ \alpha_4 \\ . \\ . \\ . \\ \alpha_n \end{array}$$

Seja Ψ um tableau associado a Γ. Se Ψ^* for uma árvore obtida através da aplicação de alguma das regras de inferência $R_1, \ldots, R_9$ ao tableau Ψ, então Ψ^* também será um tableau associado a Γ.

O exemplo a seguir apresenta um tableau associado a um conjunto de fórmulas.

Exemplo:

Dado o conjunto $\Gamma = \{p \wedge q, r \vee \sim q\}$, a árvore abaixo ilustra um tableau associado a Γ.

$$\begin{array}{c} p \wedge q \\ | \\ r \vee q \\ | \\ p \\ | \\ q \\ /\backslash \\ r \quad \sim q \end{array}$$

Exemplo:

A árvore abaixo é exemplo de um outro tableau associado a $\Gamma = \{p \wedge q, r \vee \sim q\}$.

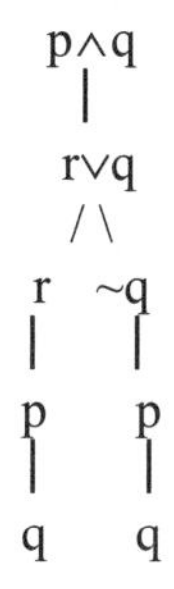

Observação: Conforme ilustrado nos exemplos acima, é possível existir mais de um tableau associado a um mesmo conjunto de fórmulas.

Ramos de um Tableau

Um ramo de um tableau será ***fechado***, se contiver uma fórmula α e a sua negação $\sim\alpha$. Caso contrário, o ramo será ***aberto***.

Tableau Fechado

Um tableau será ***fechado*** se todos os seus ramos forem fechados. Caso contrário, o tableau será ***aberto***.

Prova

Seja α uma fórmula. Uma ***prova de*** $\boldsymbol{\alpha}$ no Sistema Dedutivo de Tableaux Semânticos será um tableau fechado associado a $\{\sim\alpha\}$, ou equivalentemente, um tableau fechado associado a $\sim\alpha$.

Teorema

Uma fórmula α será um ***teorema*** do Sistema Dedutivo de Tableaux Semânticos, se existir uma prova de α em tal sistema.

Exemplo: Para mostrar que a fórmula $(p\rightarrow(q\rightarrow r))\rightarrow((p\wedge q)\rightarrow r)$ é um teorema do Sistema de Tableaux, deve-se mostrar que existe um tableau fechado associado a $\sim((p\rightarrow(q\rightarrow r))\rightarrow((p\wedge q)\rightarrow r))$, conforme pode ser observado abaixo.

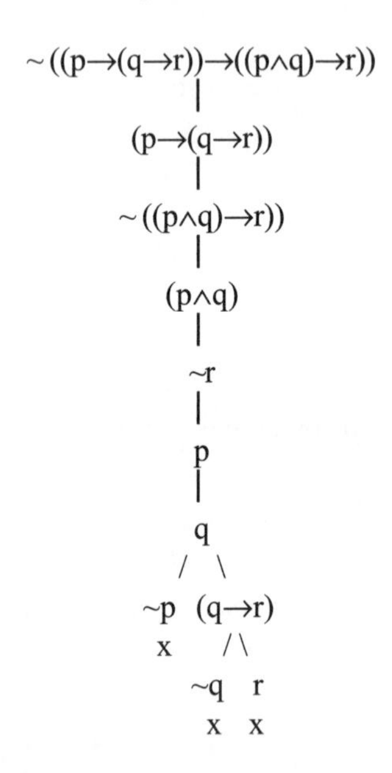

Sistema Refutacional

O Sistema Dedutivo de Tableaux Semânticos para a LS é um sistema refutacional (sistema de refutação), visto que, para provar que uma fórmula α é um teorema em tal contexto, admite-se $\sim\alpha$ e busca-se, a partir daí, gerar uma contradição (um absurdo).

Consequência Dedutiva no Sistema de Tableaux Semânticos

Seja b uma fórmula e Γ um conjunto de fórmulas da LS $\{\alpha_1, \ldots, \alpha_n\}$.

A fórmula β será **consequência (dedutiva) de Γ** no Sistema Dedutivo de Tableaux Semânticos, se a fórmula $(\alpha_1 \wedge \ldots \wedge \alpha_n)\rightarrow\beta$ for um teorema de tal sistema.

Notação: É usual representar-se, simbolicamente, o fato que β é consequência dedutiva de Γ, colocando-se o sinal '$\vdash$' entre o conjunto Γ e a fórmula β, da seguinte forma: $\Gamma\vdash\beta$.

Exemplo: Para mostrar que a fórmula r é consequência dedutiva de $\Gamma = \{(p \rightarrow (q \rightarrow r)), (p \wedge q)\}$ no Sistema de Tableaux, deve-se mostrar a fórmula $((p \rightarrow (q \rightarrow r)) \wedge (p \wedge q)) \rightarrow r$ é um teorema. Ou seja, que existe um tableau fechado associado a $(((p \rightarrow (q \rightarrow r)) \wedge (p \wedge q)) \rightarrow r))$, conforme pode ser observado abaixo.

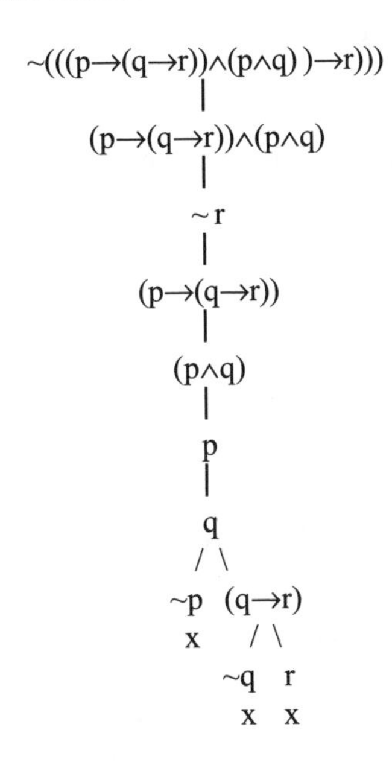

O Sistema Dedutivo de Tableaux Semânticos para a LS é Correto e Completo.

Exercícios Propostos

1. Mostre que cada fórmula a seguir é um **teorema** do Sistema de Tableaux Semânticos LS.

a) $(p \wedge q) \rightarrow ((p \vee r) \wedge (q \vee r))$
b) $(p \rightarrow (q \rightarrow r)) \leftrightarrow ((p \wedge q) \rightarrow r))$
c) $\sim(p \wedge q) \leftrightarrow (\sim p \vee \sim q)$
d) $\sim(p \vee q) \leftrightarrow (\sim p \wedge \sim q)$
e) $\sim(p \rightarrow q) \leftrightarrow (p \wedge \sim q)$
f) $\sim(p \leftrightarrow q) \leftrightarrow ((p \wedge \sim q) \vee (\sim p \wedge q))$
g) $(p \rightarrow q) \rightarrow ((p \rightarrow (q \rightarrow r)) \rightarrow (p \rightarrow r))$
h) $(p \rightarrow q) \rightarrow ((p \rightarrow \sim q) \rightarrow \sim p)$
i) $((p \wedge q) \rightarrow r) \leftrightarrow (p \rightarrow (q \rightarrow r))$
j) $(p \rightarrow r) \rightarrow ((q \rightarrow r) \rightarrow ((p \vee q) \rightarrow r))$

2. Mostre, em cada item, que β é consequência tautológica de Γ no Sistema de Tableaux Semânticos LS.

a) $\Gamma = \{ p \vee q, p \rightarrow r, p \rightarrow r\}$ e β: r
b) $\Gamma = \{ p \wedge q, p \rightarrow r, q \rightarrow s\}$ e β: $r \wedge s$
c) $\Gamma = \{(p \vee q) \rightarrow r, \sim r\}$ e β: $(\sim p \vee s) \wedge (\sim q \vee s)$

3. Mostre, utilizando o Método do Tableaux Semânticos LS, que os conjuntos abaixo são insatisfazíveis.

a) $\Gamma = \{p \leftrightarrow q,\ p \wedge \sim q, \sim p \wedge q\}$
b) $\Gamma = \{ \sim p \vee q,\ p \sim q, p\}$

4. Utilizando o Método de Tableaux Semânticos, mostre que as fórmulas $(p \vee q)$ e $(\sim p \rightarrow q)$ são fórmulas equivalentes.

Sistema Dedutivo de Resolução para a LS

O método de Resolução para a Lógica Sentencial foi concebido por J.A. Robinson em 1965.

O Sistema dedutivo de Resolução se aplica a tipos especiais de fórmulas da Lógica Sentencial. Em virtude disto, antes de apresentarmos a sua linguagem, vamos apresentar alguns pré-requisitos.

Um ***literal*** é uma fórmula da LS, que é uma letra sentencial ou é a negação de uma letra sentencial.

Exemplo: As fórmulas p e ~q são literais; porém a fórmula ~ ~p não é um literal.

Dois literais serão complementares, se um for a negação do outro.

Exemplo: Os literais p e ~p são complementares.

Uma fórmula a está na ***Forma Normal Conjuntiva*** (FNC), se α é do tipo $(\alpha_1 \wedge \ldots \wedge \alpha_n)$, onde cada α_i, onde, $1 \leq i \leq n$, é uma disjunção de literais ou é um literal.

Exemplo: As fórmulas abaixo estão na FNC:

1) p
2) $\sim q$
3) $p \wedge \sim q$
4) $p \vee \sim q$
5) $(p \vee q) \wedge (\sim q \vee \sim r)$
6) $(p \vee q) \wedge (\sim q \vee \sim r) \wedge q \wedge \sim r$

Exemplo: As fórmulas abaixo não estão na FNC:

1) $p \rightarrow \sim\sim q$
2) $p \wedge (q \leftrightarrow r)$

Observação: Para qualquer fórmula α, da LS, existe uma fórmula β, da LS, tal que α é equivalente α β e β está na FNC.

Exemplo: Admitindo-se que α seja a fórmula $p \rightarrow \sim\sim q$, temos que, embora α não esteja na FNC, é possível encontrar uma fórmula equivalente a ela, na FNC. Por exemplo, a fórmula $\sim p \vee \sim\sim q$ é equivalente a α e está na FNC.

Observação: Para encontrar uma fórmula na FNC equivalente a uma fórmula dada podemos nos valer das seguintes equivalências:

Para quaisquer fórmulas α, β e θ, temos:

1) $\alpha \models\mid \sim\sim\alpha$
2) $\alpha \models\mid \alpha \wedge \alpha$
3) $\alpha \models\mid \alpha \vee \alpha$
4) $\sim(\alpha \wedge \beta) \models\mid \sim\alpha \vee \sim\beta$
5) $\sim(\alpha \vee \beta) \models\mid \sim\alpha \wedge \sim\beta$
6) $\sim(\alpha \rightarrow \beta) \models\mid \alpha \wedge \sim\beta$
7) $\alpha \leftrightarrow \beta \models\mid (\alpha \rightarrow \beta) \wedge (\beta \rightarrow \alpha)$
8) $\alpha \wedge (\beta \wedge \theta) \models\mid (\alpha \wedge \beta) \wedge \theta$
9) $\alpha \vee (\beta \vee \theta) \models\mid (\alpha \vee \beta) \vee \theta$
10) $\alpha \vee (\beta \wedge \theta) \models\mid (\alpha \vee \beta) \wedge (\alpha \vee \theta)$

Exemplo: Admitindo-se que a seja a fórmula $r \vee (p \wedge q)$, temos que, α não está na FNC. É possível encontrar uma fórmula equivalente a ela, na FNC. Usando a equivalência nº10, obtemos a fórmula $(r \vee p) \wedge (r \vee q)$, que é equivalente a α e está na FNC.

Cláusula

Uma fórmula α será chamada de **Cláusula** se α for um literal ou uma disjunção de literais.

Exemplo: As fórmulas abaixo são cláusulas:

1) p
2) $\sim p$
3) $r \vee p$
4) $\sim r \vee \sim p$

Representação de cláusulas na notação de conjunto

Qualquer cláusula α pode ser representada como um conjunto finito cujos elementos são os literais que ocorrem em α. As vírgulas que separam os elementos de um conjunto, representam o conectivo $\vee$.

Exemplo: As cláusulas do exemplo acima podem ser representadas, respectivamente por:

1) $\{ p \}$
2) $\{ \sim p \}$
3) $\{ r, p \}$
4) $\{ \sim r, \sim p \}$

Representação de fórmulas que estão na FNC na notação de conjunto

Qualquer fórmula α que esteja na FNC, pode ser representada como um conjunto finito ψ de conjuntos. As vírgulas que separam os conjuntos que pertencem a ψ, representam o conectivo $\wedge$; e as vírgulas que separam os elementos de cada conjunto que é elemento de ψ representam o conectivo $\vee$. Vejamos o seguinte exemplo:

Exemplo: Cada uma das fórmulas abaixo que estão na FNC, podem ser representadas na notação de conjunto de cláusulas como se segue:

1) $(p \vee q) \wedge (\sim q \vee \sim r)$ será representada por:
$\{\{p, q\}, \{\sim q, \sim r\}\}$

2) $(p \vee q) \wedge (\sim q \vee \sim r) \wedge q \wedge \sim r$ será representada por:
$\{\{p, q\}, \{\sim q, \sim r\}, \{ q\}, \{\sim r\}\}$

Isto posto, vamos apresentar a linguagem do Sistema de Resolução para a Lógica Sentencial.

Linguagem

A ***linguagem*** do sistema de Sistema de Resolução para a Lógica Sentencial é constituída das cláusulas da LS.

Regra de Inferência

O Sistema Dedutivo de Resolução utiliza apenas uma regra de inferência, chamada ***Regra de Resolução*** (***Re***), que será enunciada a seguir.

Se $C_1 = \{A_1,\ldots,A_n\}$ e $C_2 = \{B_1, \ldots, B_m\}$ forem duas cláusulas que possuem literais complementares, então deduza a partir de C_1 e C_2, ***o resolvente de*** C_1 ***e*** C_2, **RES** (C_1,C_2), que é definido como sendo o conjunto $\{C_1 - L\} \cup \{C_2 - {\sim}L\}$, onde L é o conjunto cujos elementos são os literais que pertencem a C_1 para os quais o seu complementar está em C_2; e ~L é o conjunto cujos elementos são os literais que pertencem a C_2 para os quais o seu complementar está em C_1.

Exemplo: Se $C_1 = \{p, {\sim}q\}$ e $C_2 = \{q, r\}$, então aplicando-se a regra de Resolução a C_1 e C_2, obtém-se como resolvente de C_1 e C_2, a cláusula $\{p, r\}$.

Exemplo: Se $C_1 = \{p\}$ e $C_2 = \{{\sim}p\}$, então aplicando-se a regra de Resolução a C_1 e C_2, obtém-se como resolvente de C_1 e C_2, o conjunto vazio, que será referido como **cláusula vazia**.

Enquanto que a noção de prova no Sistema de Tableaux Semânticos, usava a estrutura de uma árvore denominada tableau, a noção de prova no Sistema de Resolução usa o conceito de expansão. Em virtude disso, a seguir será apresentado o conceito de ***expansão por resolução***.

Expansão por resolução

Seja Γ o conjunto de cláusulas $\{\alpha_1, \ldots, \alpha_n\}$ da LS.

Admita que a sequência de cláusulas abaixo, seja uma expansão por resolução sobre Γ.

1. α_1
2. α_2
3. α_3
4. α_4

. .

n. α_n

Seja Ψ uma expansão por resolução sobre Γ. Se Ψ^* for a sequência obtida através da adição do resolvente de duas cláusulas distintas de Γ, α_i e α_j, onde $i,j \leq n$, à expansão Ψ, então Ψ^* também será uma expansão por resolução sobre Γ.

O exemplo a seguir apresenta uma expansão por resolução sobre um conjunto de cláusulas.

Exemplo: Dado o conjunto $\Gamma = \{p \wedge q, r \vee {\sim}q\}$, vamos reescrevê-lo na forma de um conjunto de cláusulas, e em seguida, vamos construir uma expansão por resolução sobre Γ.

Assim, $\Gamma = \{\{p\}, \{q\}, \{r, {\sim}q\}\}$ e um exemplo de expansão por resolução sobre Γ:

1. $\{p\}$
2. $\{q\}$
3. $\{r, {\sim}q\}$
4. $\{r\}$

onde $\{r\}$ é a cláusula obtida por aplicação da regra de resolução às cláusulas que figuram nos passos 2 e 3. Em outras palavras, RES $(\{q\}, \{r, {\sim}q\}) = \{r\}$.

Exemplo: Seja $\Gamma = \{\{p, q\}, \{{\sim}p\}, \{{\sim}q\}\}$. A sequência abaixo ilustra uma expansão por resolução sobre Γ.

1. $\{p, q\}$
2. $\{{\sim}p\}$
3. $\{{\sim}q\}$
4. $\{q\}$ de 1,2 e Regra de Resolução
5. $\{\ \}$ cláusula vazia, obtida por aplicação da Regra de Resolução aos passos 3 e 4.

Observação: A obtenção da cláusula vazia numa expansão por resolução equivale a obtenção de um tableau fechado no sistema de Tableaux Semânticos.

Uma expansão por resolução sobre um conjunto Γ de cláusulas será **fechada** se ela contiver a cláusula vazia { }.

Antes de apresentarmos as noções de Prova e Teorema no sistema em pauta, como tal sistema trabalha apenas com fórmulas que são cláusulas, cabe ressaltar que, a qualquer fórmula α da LS, corresponde um conjunto de cláusulas $C(\alpha)$ que lhe é equivalente. O conjunto $C(\alpha)$ é, geralmente, chamado de ***Forma Clausal de*** $\boldsymbol{\alpha}$.

Exemplo: Admitindo-se que α seja a fórmula $(p \wedge q) \rightarrow (r \vee \sim q)$, a forma clausal $C(\alpha)$ que corresponde a α é $\{\{\sim p, q\}, \{r, \sim q\}\}$.

Prova

Seja α uma fórmula qualquer da Lógica Sentencial. Uma ***prova de*** $\boldsymbol{\alpha}$, no Sistema Dedutivo de Resolução, será uma expansão por resolução fechada sobre a forma clausal de $\sim\alpha$, ou seja, sobre $C(\sim\alpha)$.

Teorema

Uma fórmula a será um ***teorema*** do Sistema Dedutivo de Resolução, se existir uma prova de a em tal sistema.

Notação: É usual representar-se, simbolicamente, o fato que α é um teorema do Sistema Dedutivo de Resolução, antepondo-se o sinal '$\vdash_{Re}$' à fórmula α, da seguinte forma: $\vdash_{Re} \alpha$.

Observação: Assim como o Sistema de Tableaux Semânticos, o Sistema de Resolução para a LS, também é um sistema refutacional, visto que, para provar que uma fórmula α é um teorema em tal contexto, busca-se, a partir de $C(\sim\alpha)$, gerar a cláusula vazia (um absurdo).

Consequência Dedutiva no Sistema de Resolução

Seja β uma fórmula e Γ um conjunto $\{\alpha_1, \dots, \alpha_n\}$ de fórmulas da LS.

A fórmula β será ***consequência dedutiva de*** $\boldsymbol{\Gamma}$ no Sistema de Resolução, se a fórmula $(\alpha_1 \wedge \dots \wedge \alpha_n) \rightarrow \beta$, for um teorema de tal sistema.

Notação: É usual representar-se, simbolicamente, o fato que β é consequência dedutiva de Γ, colocando-se o sinal $\vdash_{Re}$ entre o conjunto Γ e a fórmula β, da seguinte forma: $\Gamma \vdash_{Re} \beta$.

Exemplo: Para mostrar que a fórmula r é consequência dedutiva de $\Gamma = \{(p \rightarrow (q \rightarrow r)), (p \wedge q)\}$ no Sistema de Resolução, deve-se mostrar que a fórmula $((p \rightarrow (q \rightarrow r)) \wedge (p \wedge q)) \rightarrow r$ é um teorema. Ou seja, que existe uma expansão por resolução fechada sobre a forma clausal de negação de $((p \rightarrow (q \rightarrow r)) \wedge (p \wedge q)) \rightarrow r$. Assim, temos:

$$\sim(((p \rightarrow (q \rightarrow r)) \wedge (p \wedge q)) \rightarrow r)) \;\; \models\!\mid \;\; (p \rightarrow (q \rightarrow r)) \wedge (p \wedge q) \wedge \sim r \;\; \models\!\mid$$

$$(\sim p \vee (\sim q \vee r)) \wedge (p \wedge q) \wedge \sim r.$$

Assim, a forma clausal de $\sim(((p \rightarrow (q \rightarrow r)) \wedge (p \wedge q)) \rightarrow r))$ será

$$\{\{\sim p, \sim q, r\}, \{p\}, \{q\}, \{\sim r\}\}.$$

A partir daí, construímos:

1. $\{\sim p, \sim q, r\}$
2. $\{p\}$
3. $\{q\}$
4. $\{\sim r\}$
5. $\{\sim q, r\}$ de 1,2 e Regra da Resolução
6. $\{r\}$ de 3,5 e Regra da Resolução
7. $\{\ \}$ de 4, 6 e Regra da Resolução

que é uma expansão por resolução fechada sobre a forma clausal da negação de $((p \rightarrow (q \rightarrow r)) \wedge (p \wedge q)) \rightarrow r$.

O Sistema Dedutivo de Resolução para a LS é Correto e Completo.

Exercícios Propostos

1. Dado o argumento abaixo, faça o que se pede:

> Se o gerente ou o caixa do Banco estão mentindo, então o alarme disparou e as luzes acenderam.
> Se as luzes acenderam ou alguém gritou, então houve roubo.
> Logo, se o gerente está mentindo, houve roubo.

A) escreva-o na linguagem da LS, explicitando a convenção utilizada.

B) Utilizando o aparato dedutivo do Sistema de Resolução, verifique se a conclusão é consequência lógica das premissas.

2. Mostre que cada fórmula abaixo é um **teorema** do Sistema de Resolução para a LS.

a) $(p \wedge q) \rightarrow ((p \vee r) \wedge (q \vee r))$
b) $(p \rightarrow (q \rightarrow r)) \leftrightarrow ((p \wedge q) \rightarrow r))$
c) $\sim(p \wedge q) \leftrightarrow (\sim p \vee \sim q)$
d) $\sim(p \vee q) \leftrightarrow (\sim p \wedge \sim q)$
e) $\sim(p \rightarrow q) \leftrightarrow (p \wedge \sim q)$
f) $\sim(p \leftrightarrow q) \leftrightarrow ((p \wedge \sim q) \vee (\sim p \wedge q))$
g) $(p \rightarrow q) \rightarrow ((p \rightarrow (q \rightarrow r)) \rightarrow (p \rightarrow r))$
h) $(p \rightarrow q) \rightarrow ((p \rightarrow \sim q) \rightarrow \sim p)$
i) $((p \wedge q) \rightarrow r) \leftrightarrow (p \rightarrow (q \rightarrow r))$
i) $(p \rightarrow r) \rightarrow ((q \rightarrow r) \rightarrow ((p \vee q) \rightarrow r))$

3. Mostre via Sistema Dedutivo de Resolução, que β é consequência tautológica de Γ de β:

a) $\Gamma = \{ p \vee q, p \rightarrow r, p \rightarrow r\}$ e β: r
b) $\Gamma = \{ p \wedge q, p \rightarrow r, q \rightarrow s\}$ e β: $r \wedge s$

4. Mostre, via Sistema Dedutivo de Resolução, que os conjuntos abaixo são insatisfazíveis.

a) $\Gamma = \{p \leftrightarrow q,\ p \wedge \sim q,\ \sim p \wedge q\}$
b) $\Gamma = \{ \sim p \vee q,\ p \rightarrow \sim q, p\}$

5. Mostre, via Sistema Dedutivo de Resolução, que as fórmulas $(p \vee q)$ e $(p \rightarrow q)$ são fórmulas equivalentes. Justifique.

Exercícios de Revisão da LS

1. Classifique como *Verdadeiras* ou *Falsas* as seguintes afirmações.

a) $p \rightarrow \sim p$ é uma fórmula satisfazível e inválida.
b) $\{p, p \rightarrow \sim q, q\}$ é um conjunto insatisfazível.
c) Se $\alpha \vee \beta$ for uma fórmula satisfazível, então α será satisfazível.

d) Se α for uma fórmula insatisfazível, então $\alpha \vee \beta$ será uma fórmula insatisfazível, qualquer que seja β.
e) Se α for uma fórmula insatisfazível, então $\alpha \vee \beta$ será uma fórmula satisfazível, qualquer que seja β.
f) r é consequência lógica de $\{p \wedge q , \sim(p \vee q)\}$.
g) $q \vee \sim q$ é consequência lógica de p.
h) Se $\alpha \vee \beta$ for uma fórmula tautologia, então α será uma tautologia ou β será uma tautologia.
i) Uma condição necessária para que uma fórmula α seja válida é que α seja satisfazível.
j) Uma condição suficiente para que uma fórmula α seja inválida é que α seja insatisfazível.
k) Nem toda fórmula satisfazível é válida.
l) Nenhuma fórmula satisfazível é inválida.
m) Se um conjunto Γ de fórmulas for insatisfazível, então cada fórmula de Γ será insatisfazível.
n) Se um conjunto Γ de fórmulas for satisfazível, então cada fórmula de Γ será satisfazível.
o) $\{\alpha_1, \alpha_2 , \ldots , \alpha_n\} \models \beta$ se e somente se $\models (\alpha_1 \wedge \alpha_2 \wedge \ldots \wedge \alpha_n) \rightarrow \beta$
p) $\{\alpha_1, \alpha_2 , \ldots , \alpha_n\} \models \beta$ se e somente se $\models ((\alpha_1 \rightarrow (\alpha_2 \rightarrow (\ldots (\alpha_n \rightarrow \beta)\ldots)$
r) Se $\alpha \models\mid \alpha'$ e $\beta \models\mid \beta'$, então: $\sim\alpha \models\mid \sim\alpha'$; $\alpha \wedge \beta \models\mid \alpha' \wedge \beta'$; $\alpha \vee \beta \models\mid \alpha' \vee \beta'$; $\alpha \rightarrow \beta \models\mid \alpha' \rightarrow \beta'$; $\alpha \leftrightarrow \beta \models\mid \alpha' \leftrightarrow \beta'$

2. Exemplifique o que é afirmado abaixo:

Sejam α uma fórmula e $p_1 , \ldots , p_n$ letras sentenciais que ocorrem em α. Seja α' a fórmula resultante da substituição de cada ocorrência de p_i por uma fórmula β. Se $\models \alpha$, então $\models \alpha'$.

3. Exemplifique o que é afirmado abaixo:

Sejam β uma sub-fórmula de α, e α' o resultado de substituir uma ou mais ocorrências de β pela fórmula θ. Se $\beta \models\mid \beta$, então $\alpha \models\mid \alpha'$.

4. Mostre, por intermédio do: (A) Sistema de Tableaux Semânticos, e (B) do Sistema Dedutivo de Resolução, que as seguintes fórmulas são tautologias.

a) $p \rightarrow (q \rightarrow p)$
b) $p \rightarrow (p \vee q)$
c) $(p \wedge q) \rightarrow p$
d) $(p \wedge \sim p) \rightarrow q$
e) $p \rightarrow (\sim p \rightarrow q)$

5. Mostre que as fórmulas abaixo são teoremas do Sistema Dedutivo de Tableaux Semânticos LS.

a) $(p \to q) \to (((p \to (q \to r)) \to (p \to r))$
b) $(p \lor (q \land r)) \leftrightarrow ((p \lor q) \land (p \lor r))$

6. Em cada item, dadas as fórmulas α e β, mostre que β é consequência lógica de α no Sistema Dedutivo Refutacional de Tableaux Semânticos LS apresentado.

a) α: $p \lor (q \land r)\}$ β: $(p \lor q) \land (p \lor r)$
b) α: $p \land (q \lor r)$ β: $(p \land q) \lor (p \land r)$

7. Em cada item, dados o conjunto Γ e a fórmula β, mostre que β é consequência lógica de Γ no Sistema Dedutivo Refutacional de Tableaux Semânticos LS apresentado.

a) Γ: $\{ p \to q , p \to \sim q \}$ β: $\sim p$
b) Γ: $\{ p \to q , p \to r) \}$ β: $p \to (q \land r)$

8. Considerando o Sistema Axiomático apresentado, e admitindo-se que $\Gamma = \{p,q\}$ e $\beta = (q \lor (p \lor r))$, prove que $\Gamma \vdash \beta$.

9. Considerando o Sistema Dedutivo Axiomático apresentado, e admitindo que $\Gamma = \{p \to ((q \lor r) \to r) ,(q \land p)\}$ e $\beta = r \lor (p \lor p)$, prove que $\Gamma \vdash \beta$.

10. Quatro rapazes, chamados Antônio, Bento, Carlos e Demétrius, suspeitos de envolvimento em um crime, prestaram as seguintes declarações numa delegacia de polícia:

> **Antônio:** Das duas, uma: ou Bento é culpado e Carlos é inocente ou Bento é inocente e Carlos é culpado.
> **Bento:** Se Antônio ou Bento é inocente, então Carlos também é.
> **Carlos:** Antônio ou Bento é culpado, mas eu sou inocente.
> **Demétrius:** Bento é inocente ou Carlos é culpado.

A partir da situação descrita acima, verifique se o conjunto constituído das quatro declarações é satisfazível. (justifique sua resposta)

11. Os alunos de um Colégio são de dois tipos: ***1°tipo***: os que mentem sempre; ***2° tipo***: os que falam a verdade sempre. Um repórter de TV, ao visitar o colégio, entrevistou dois alunos, e um deles deu a seguinte declaração: *Exatamente um de nós dois é do 2° tipo*. Escreva, na linguagem da Lógica Sentencial, a negação da declaração feita pelo aluno (explicite a convenção utilizada).

12. Classifique como *verdadeira* ou *falsa* cada afirmação abaixo:

a) Nenhuma fórmula da Lógica Sentencial é consequência tautológica de qualquer fórmula da Lógica Sentencial.
b) Toda fórmula da Lógica Sentencial é consequência tautológica de alguma fórmula da Lógica Sentencial.
c) Uma condição necessária para que $(\alpha\vee\beta)$ seja uma tautologia é que a seja uma tautologia.
d) Nem toda fórmula da Lógica Sentencial inválida é insatisfazível.

13. Mostre que a fórmula $(r\vee s)\wedge(\sim s\vee r)$ é Consequência Dedutiva de $\{p\rightarrow(q\rightarrow r), (p\wedge q)\}$ no Sistema Axiomático LS.

14. Mostre que a fórmula $(p\wedge(q\vee r))\rightarrow((p\wedge q)\vee(p\wedge r))$ é um teorema do Sistema de Dedução Natural LS.

15. Utilizando o Sistema de Tableaux Semânticos LS, verifique se as sentenças (A) e (B) abaixo são equivalentes, justificando sua resposta.

(A) Se houve roubo, então o alarme disparou.
(B) O alarme disparou ou não houve roubo.

16. Dado o argumento abaixo,

(A) escreva-o na linguagem da LS, explicitando a convenção utilizada, e
(B) verifique, utilizando o Sistema Dedutivo de Resolução LS, se a conclusão é Consequência Dedutiva do conjunto de premissas:

> Se o porteiro ou o segurança da firma está mentindo, então o alarme disparou.
> Se o alarme disparou, então houve roubo.
> Logo, se o porteiro da firma está mentindo, então houve roubo.

17. Suponhamos que Sócrates estaria disposto a visitar Platão, se Platão estivesse disposto a visitá-lo; e que Platão não estaria disposto a visitar Sócrates, se Sócrates estivesse disposto a visitá-lo, mas estaria disposto a visitar Sócrates, se Sócrates não estivesse disposto a visitá-lo. Pergunta-se: Sócrates está ou não disposto a visitar Platão?

18. Artur, (A) , Beth, (B), Carlos (C), e Dora(D), tem diferentes profissões: Advogado (L), Piloto, (P),Veterinário (V), e Professor (T), não necessariamente nessa ordem. Em cada caso abaixo decida se as condições são satisfazíveis e se a profissão de cada pessoa pode ser unicamente determinada.

Caso a:
(1) V não é A nem C;
(2) B não é V nem P;
(3) C não é L nem P;
(4) D não é L.

Caso b:
(1) V não é A nem C;
(2) B não é P nem T;
(3) C não é L nem P;
(4) D não é V nem P;
(5) L não é B nem D.

19. Quatro amigos, Artur, Beth, Carlos e Dora, são suspeitos de assassinato. Eles deram os seguintes depoimentos:

Artur: Se a Beth for culpada, a Dora também é.
Beth: Artur é culpado, mas a Dora não.
Carlos: Eu não sou culpado, mas Artur ou Dora são culpados.
Dora: Se Artur não é culpado, então Carlos é.

(a) Cada depoimento é satisfazível?
(b) O conjunto consistindo de todos os depoimentos é satisfazível?
(c) Se todos estiverem falando a verdade, quem é o culpado?
(d) Se o(s) culpado(s) mente(m) e o(s) inocente(s) fala(m) verdade, quem é (são) o(s) culpado(s)?

Capítulo 6
Raciocínio Lógico - LS

Uma palavra bem pronunciada pode economizar não só cem palavras, mas também cem pensamentos.
Henri Poincaré

1) Numa certa empresa, o diretor, o gerente e o tesoureiro são Antônio, João e Pedro, não necessariamente nessa ordem. O tesoureiro é filho único e recebe o menor salário. Pedro, que casou com a irmã de Antônio, ganha mais que o gerente.

A partir desses dados, deduza quem é o tesoureiro.

Resposta:

Antônio não é o tesoureiro, pois o tesoureiro é filho único, porém Antônio tem uma irmã.
Pedro não é o tesoureiro, pois o tesoureiro recebe o menor salário, porém Pedro ganha mais que o gerente.

Logo, o tesoureiro é João.

2) Jorge, Maurício e Cláudio são profissionais liberais. Um deles é arquiteto, outro é médico e outro é advogado. Seus escritórios estão localizados em diferentes andares de um mesmo edifício. Os nomes de suas secretárias são, não necessariamente nesta ordem, Ana, Cecília e Jane. Sabendo-se que:

a) O escritório do advogado está localizado no andar térreo;

b) Jane, ao invés de casar com seu chefe como a maioria das secretárias de fotonovelas, está noiva de Cláudio e almoça com ele todos os dias na casa da futura sogra;

c) Todos os dias, Ana sobe para encontrar a secretária de Maurício, e então almoçam juntas no refeitório ao lado do escritório de Maurício;

d) Ontem, Jorge mandou sua secretária descer para entregar algumas gravuras ao arquiteto.

A partir destes dados, determine a profissão e o nome da secretária de cada um dos indivíduos.

Observe que:

Jane não é secretária de Cláudio.
Jane não é secretária de Maurício,
Logo, Jane é secretária de Jorge.
Jorge não é o advogado.
Ana não é a secretária de Maurício.
Jane não é secretária de Maurício.
Logo, Cecília é a secretária de Maurício.
Jorge não é o arquiteto.
Logo, Jorge é médico.
Maurício não é o advogado

Resposta:

	Profissão	**Secretária**
Jorge	Médico	Jane
Maurício	Arquiteto	Cecília
Cláudio	Advogado	Ana

3) Os sobrenomes de Amélia, Bianca e Cecília são Aroeira, Brito e Couto, não necessariamente nessa ordem. É sabido que a de sobrenome Brito, que não é Amélia, é mais velha que Cecília e a de sobrenome Couto é a mais velha das três. A partir desses dados deduza qual é o sobrenome de cada uma.

Sugestão de Especificação dos dados do Problema:

Convenção:
a: Amélia
b: Bianca
c: Cecília
A: Aroeira
B: Brito
C: Couto

Cada uma delas tem um sobre nome:

$(aA \vee aB \vee aC) \wedge (bA \vee bB \vee bC) \wedge (cA \vee cB \vee cC)$

Cada uma delas tem apenas um dos três sobrenomes:

$(aA \rightarrow (\sim aB \wedge \sim aC)) \wedge (bA \rightarrow (\sim bB \wedge \sim bC)) \wedge ((cA \rightarrow (\sim cB \wedge \sim cC))$

$(aB \rightarrow (\sim aC \wedge \sim aA)) \wedge (bB \rightarrow (\sim bA \wedge \sim bC)) \wedge ((cB \rightarrow (\sim cA \wedge \sim cC))$

$(aC \rightarrow (\sim aA \wedge \sim aB)) \wedge (bC \rightarrow (\sim bA \wedge \sim bB)) \wedge ((cC \rightarrow (\sim cA \wedge \sim cB))$

Cada sobrenome está associado a uma das três pessoas:

$(aA \vee bA \vee cA) \wedge (aB \vee bB \vee cB) \wedge (aC \vee bC \vee cC)$

Cada sobrenome está associado a somente uma das três pessoas:

$(aA \rightarrow (\sim bA \wedge \sim cA)) \wedge (aB \rightarrow (\sim bB \wedge \sim cB)) \wedge ((aC \rightarrow (\sim bC \wedge \sim cC))$

$(bA \rightarrow (\sim aA \wedge \sim cA)) \wedge (bB \rightarrow (\sim aB \wedge \sim cB)) \wedge ((bC \rightarrow (\sim aC \wedge \sim cC))$

$(cA \rightarrow (\sim aA \wedge bA)) \wedge (cB \rightarrow (\sim aB \wedge \sim bB)) \wedge ((cC \rightarrow (\sim bC \wedge \sim bC))$

Amélia não possui sobrenome Brito:

$\sim aB$

A partir dessas sugestões e demais dados do problema, busque a solução.

Resposta:

O sobrenome de Amélia é Couto (aC); o sobrenome de Bianca é Brito (bB) e o sobrenome de Cecília é Aroeira (cA).

4) Miguel resolveu pintar seus três carros de passeio com cores distintas. Ele entregou a cada um dos pintores galões de tinta contendo uma só cor. O pintor do Jaguar recebeu a cor Branca, o pintor da Mercedes recebeu a cor Cinza e o pintor do Rolls Royce recebeu a cor preta. Após a entrega, Miguel disse a eles: Vocês podem não ter recebido o próprio lote de galões. Para auxiliá-los dou-lhes ainda três informações: 1. A cor para o Jaguar não é preta; 2. A cor da Mercedes não é Branca; 3. O Rolls Royce deve ter cor cinza. Deduza qual cor cada carro deverá ter.

Resposta:

O Jaguar é branco; a Mercedes é preta e o Rolls Royce é Cinza.

5) Uma menina chamada Maria tem um irmão chamado João. Maria e João têm outros irmãos e irmãs. João tem tantos irmãos quanto irmãs. Maria tem o dobro de irmãos que de irmãs. Quantos meninos e quantas meninas existem nesta família?

Resposta:

Há quatro meninos e três meninas na família. João tem três irmãos e três irmãs. Maria têm quatro irmãos e duas irmãs.

6) Tudo em que o Rei Vermelho acredita durante o sono é falso. Por outro lado, tudo em que ele acredita quando está acordado é verdadeiro. Pois bem, ontem à noite, às dez horas em ponto, o Rei Vermelho achou que ele e a Rainha Vermelha estavam dormindo. A Rainha Vermelha estava dormindo ou acordada nessa hora?

Resposta:

Se o Rei Vermelho estivesse acordado naquela hora, não poderia ter tido a crença falsa em que ele e a Rainha Vermelha estavam dormindo. Logo, ele estava dormindo. Isso significa que sua crença era falsa, donde não é verdade que os dois estivessem dormindo. Portanto, a Rainha Vermelha estava acordada.

7) Você está numa cela onde existem duas portas, cada uma vigiada por um guarda. Existe uma porta que dá para a liberdade, e outra para a morte. Você está livre para escolher a porta que quiser e por ela sair. Poderá fazer apenas uma pergunta a um dos dois guardas que vigiam as portas. Um dos guardas sempre fala a verdade, e o outro sempre mente e você não sabe quem é o mentiroso e quem fala a verdade. *Que pergunta você faria?*

Resposta:

Pergunte a qualquer um deles: Qual a porta que o seu companheiro apontaria como sendo a porta da liberdade?

Explicação:

O mentiroso apontaria a porta da morte como sendo a porta que o seu companheiro (o sincero) diria que é a porta da liberdade, já que se trata de uma mentira da afirmação do sincero. E o sincero, sabendo que seu companheiro sempre mente, diria que ele apontaria a porta da morte como sendo a porta da liberdade.

Conclusão:

Os dois apontariam a porta da morte como sendo a porta que o seu companheiro diria ser a porta da liberdade. Portanto, é só seguir pela outra porta.

8) Você é prisioneiro de uma tribo indígena que conhece todos os segredos do Universo e portanto sabem de tudo. Você está para receber sua sentença de morte. O cacique o desafia: Faça uma afirmação qualquer. Se o que você falar for mentira você morrerá na fogueira, se falar uma verdade você será afogado. Se não pudermos definir sua afirmação como verdade ou mentira, nós te libertaremos. *O que você diria?*

Resposta:

Afirme que você morrerá na fogueira.

Explicação:

Se você realmente morrer na fogueira, isso é uma verdade, então você deveria morrer afogado, mas se você for afogado a afirmação seria uma mentira, e você teria que morrer na fogueira.

Conclusão:

Mesmo que eles pudessem prever o futuro, cairiam nesse impasse e você seria libertado.

9)

Respostas:

O nome da bruxaA é Frenética e ela enfeitiçou o sapo nº 4
O nome da bruxaB é Mortiça e ela enfeitiçou o sapo nº 2
O nome da bruxaC é Confúcia e ela enfeitiçou o sapo nº 3
O nome da bruxaD é Escabrosa e ela enfeitiçou o sapo nº1

10)

Respostas:

1	Cláudia	Arminda
2	Nelma	Beldade
3	Mirtes	Cacilda
4	Laura	Divina

11)

Respostas:

Observando todas as informações expressas na historinha e reparando que:

os bonequinhos não carecas são B, C, D e E;.
os bonequinhos que usam óculos são B, C, E e F;

concluímos que:

	Nome	Local onde vai passar as férias
a	Léo	Búzios
b	Clair	Búzios
c	Josemar	Petrópolis
d	Joca	Friburgo
e	Jair	Petrópolis
f	Álvaro	Angra dos Reis

Capítulo 7
As Limitações da LS e a Necessidade de Ampliar o seu Arcabouço

'Não há ramo da Matemática, por mais abstrato que seja, que não possa um dia vir a ser aplicado aos fenômenos do mundo real'.
Nicolai Lobachevsky

Vimos anteriormente que, o aparato dedutivo da Lógica Sentencial nos possibilita verificar a validade de certos tipos de argumentos das linguagens naturais, e em concordância com o que foi exposto, tal verificação é levada a termo, traduzindo-se o argumento dado na linguagem da LS. A realização de tal tradução produz um argumento da linguagem da LS, que exibe a forma do argumento original. Tal tradução esconde o conteúdo ou o tema sobre o qual o argumento dado versa, na medida em que as sentenças atômicas que figuram em suas premissas ou conclusão, são representadas, no âmbito da LS, por letras sentenciais. Em virtude disso, a estrutura interna das sentenças atômicas (das linguagens naturais) também é escondida.

A linguagem da LS não é provida de um alfabeto e de regras gramaticais que nos possibilite explicitar e representar simbolicamente a estrutura interna de sentenças atômicas.

As limitações da Lógica Sentencial, decorrem de deficiências quanto ao poder de expressão, de representação da forma das sentenças atômicas. Na linguagem da LS, não é possível representar, por exemplo, o fato de que uma dada sentença atômica de alguma linguagem natural é constituída de um sujeito e de um predicado que é aplicado ao sujeito.

A validade de certos tipos de argumentos decorrem, dentre outras coisas, da estrutura interna das sentenças atômicas que figuram nas premissas ou conclusão. Para visualizarmos uma situação conforme a sugerida acima consideremos o seguinte exemplo:

João é disciplinado, pois João é atleta e todo atleta é disciplinado.

Trata-se de um argumento válido, na medida em que é impossível que sua conclusão seja falsa, caso admita-se que suas premissas sejam verdadeiras. Em outras palavras, admitindo-se que o conjunto dos atletas esteja contido no conjunto dos que são disciplinados, e que João seja atleta, somos levados a concluir que João é disciplinado. Porém, não há como representar na LS o fato de que a sentença 'Se João é atleta, então João é disciplinado' é uma instância da sentença 'Todo atleta é disciplinado'. Se representássemos as sentenças 'Todo atleta é disciplinado', 'João é atleta' e 'João é disciplinado' por p, q e r, respectivamente, observaríamos que é possível exibir uma circunstância na qual as fórmulas p e q sejam verdadeiras, porém a fórmula r seja falsa, levando-nos equivocadamente a concluir que o argumento é inválido.

O exemplo exposto acima ilustra a inadequação da linguagem da LS para testar a validade de certos argumentos.

A Lógica Sentencial, também não é adequada para representar relações entre objetos. Por exemplo, ao traduzir, na linguagem da LS, a sentença 'Ivo é professor de Álgebra e de Lógica', teríamos que utilizar duas letras sentenciais distintas, e com isso, a fórmula obtida não retrataria o fato de que o que está em jogo é uma conjunção de duas sentenças que falam sobre a mesma relação 'ser professor de'.

As dificuldades referidas anteriormente, oriundas das limitações expressivas da LS, são contornadas numa lógica conhecida pelo nome de 'Lógica de Predicados de Primeira Ordem', que é obtida ampliando-se tanto a linguagem quanto o aparato semântico e o aparato dedutivo da LS.

O alfabeto da linguagem da LS é ampliado, introduzindo-se símbolos para representar: nomes, funções, predicados, assim como símbolos que representem as palavras 'todo' e 'existe', cujo uso nos possibilita efetuar generalizações.

O rótulo 'Lógica de Primeira Ordem' advém do fato de que em tal contexto é possível expressar e representar simbolicamente generalizações apenas sobre indivíduos, mas não sobre propriedades de indivíduos.

Por exemplo, é possível representar simbolicamente e de maneira adequada, uma sentença tal como: João admira a todos os políticos, exceto a Pedro; porém, não é possível representar simbolicamente e de maneira adequada, uma sentença tal como: João é tudo, exceto educado.

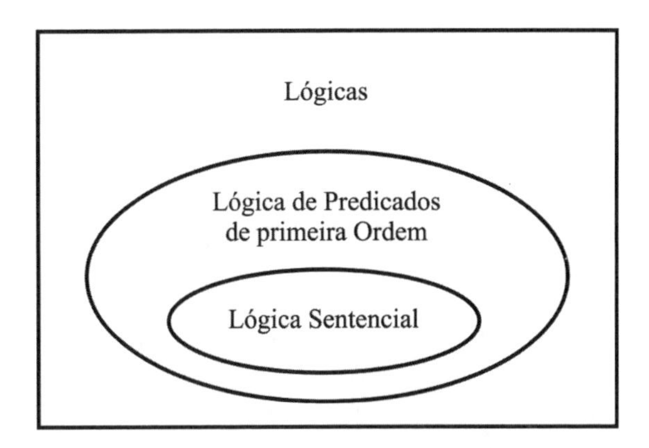

Quantificadores Universal e Existencial

Nos possibilitam enunciar generalizações tais como:

a) Todo gato mia.
b) Não existe gato que não mia.
c) Qualquer cachorro late.
d) Cada paciente será atendido pelo médico residente.
e) Alguns cães são adestrados.
f) Certos animais voam.
g) Pelo menos um aluno será aprovado.
h) No mínimo um dos funcionários será promovido.
i) Nem todo animal voa.
j) Certos animais não voam
k) Nenhum funcionário será demitido.
l) Todos os funcionários não serão demitidos.

É usual representarmos simbolicamente o quantificador existência usando o sinal '∃' e o quantificador existencial usando o sinal '∀'.

Capítulo 8
Sintaxe da Lógica de Predicados de Primeira Ordem (LPPO)

O objetivo de qualquer ciência é, antes de tudo, estabelecer uma rede de conceitos baseados em axiomas os quais foram naturalmente sugeridos pela intuição e experiência. Idealmente, todos os fenômenos de um dado domínio aparecerão de fato como parte dessa rede conceitual e todos os teoremas que podem ser derivados dos axiomas encontrarão expressão em tal domínio.
David Hilbert

É no âmbito da sintaxe que é apresentado o alfabeto a partir do qual as expressões da LPPO são construídas, assim como as regras que definem tais expressões bem formadas (termos e fórmulas).

A Linguagem da LPPO

O **Alfabeto** da linguagem da LPPO é constituído das seguintes categorias de símbolos:

(i) constantes individuais : a, b, c ... (indexadas ou não);
(ii) variáveis individuais: x, y, w, z (indexadas ou não);
(iii) símbolos funcionais n-ários: f, g, h (indexados ou não);
(iv) símbolos predicativos n-ários: P, Q , R , S (indexados ou não);
(v) conectivos lógicos: $\sim$, $\wedge$, $\vee$, $\rightarrow$ e $\leftrightarrow$
(vi) Quantificadores:
  (a) Quantificador Universal: $\forall$;
  (b) Quantificador Existencial: $\exists$
(vii) Sinais de Pontuação: (;)

O papel dos símbolos de cada uma das categorias acima pode ser descrito do seguinte modo:

(i)As ***constantes individuais*** representam objetos, fixos e bem determinados, do universo sobre o qual estão sendo tecidas considerações; por exemplo, num contexto matemático, é usual representar a forma geral de uma equação do segundo grau $ax^2 + bx + c = 0$, utilizando-se as constantes a, b e c como representantes de números reais fixos e bem determinados.

(ii) As ***variáveis individuais*** representam, indistintamente, objetos, de um universo; por exemplo, num contexto matemático, ao enunciar a comutatividade da soma através da equação $x + y = y + x$, é usual utilizar-se as letras x e y como representantes de números reais quaisquer.

(iii) Os ***símbolos funcionais*** nos possibilitam representar objetos do universo, a partir de termos previamente construídos; por exemplo, num contexto matemático, o número 6, pode ser representado como a soma de 2 e 4, ou como o fatorial de 3, ou ainda, como a diferença entre 10 e 4.

(iv) Os ***símbolos predicativos*** nos possibilitam construir fórmulas (sentenças) a partir de termos previamente construídos; num contexto matemático, por exemplo, ao colocar o sinal '>', por exemplo, entre os números 7 e 4, produz-se a sentença '7 > 4'.

(v) Os conectivos lógicos formam fórmulas a partir de fórmulas.

(vi) Os *quantificadores*, são partículas que formam fórmulas a partir de fórmulas. O quantificador *universal*, denotado por '$\forall$', é a representação simbólica das palavras *todo*, *qualquer que seja*, *cada* , *qualquer* e sua função na linguagem é a de generalizar universalmente. O quantificador *existencial*, denotado por '$\exists$', é a representação simbólica das palavras *existe*, *há pelo menos um*, *há no mínimo um*, e sua função na linguagem é a de generalizar existencialmente.

(vii) O abre parêntese '('e o fecha parêntese')' são os únicos sinais de pontuação utilizados na linguagem da LPPO.

A linguagem da LPPO possui expressões cuja função é designar, dar nomes a objetos; e expressões cuja função é descrever propriedades de objetos, estabelecer relações entre objetos. A seguir, serão apresentadas as definições das expressões bem construídas, a saber: os ***termos*** e as ***fórmulas***.

Termos

Os ***termos*** da linguagem da LPPO são definidos a através das seguintes regras:

R_1. Toda constante individual é um termo;

R_2. Toda variável individual é um termo;

R_3. Se f for um símbolo funcional n-ário e $t_1, \ldots, t_n$ forem termos, então $f(t_1, \ldots, t_n)$ será um termo;

R_4. Só serão termos as expressões construídas segundo um número finito de aplicações de R_1 a R_3.

Exemplos: São exemplos de termos:

1) a
2) x
3) f(y)
4) g (f(x), a)
5) $f_5(b, g(a, b))$

Fórmulas

As ***fórmulas*** da linguagem da LPPO são definidas a através das seguintes regras:

R_1. Se $t_1, \ldots, t_n$ forem termos e P for um símbolo predicativo n-ário, então $P(t_1, \ldots, t_n)$ será uma fórmula chamada de ***fórmula atômica***;

R_2. Se α e β forem fórmulas, então $\sim\alpha$, $(\alpha\wedge\beta)$, $(\alpha\vee\beta)$, $(\alpha\rightarrow\beta)$ e $(\alpha\leftrightarrow\beta)$ serão fórmulas, chamadas de ***fórmulas moleculares***;

R_3. Se α for uma fórmula e x uma variável individual, então $\forall x\alpha$ e $\exists x\alpha$ serão fórmulas, chamadas de ***fórmulas***;

R_4. Só serão fórmulas as expressões construídas segundo um número finito de aplicações de R_1 a R_3.

Exemplos: São exemplos de fórmulas atômicas:

1) P(a)
2) Q(x, f(x))
3) P_1(f(g(b)))

Exemplos: São exemplos de fórmulas moleculares:

1) (P(a)→Q(x,f(x)))
2) ∀xP(x)
3) ~∃xQ(x, x)

Observação: O conjunto (infinito) das expressões bem construídas da linguagem da LPPO pode ser representado através da união de dois conjuntos (infinitos) disjuntos, conforme ilustra o diagrama abaixo:

Expressões bem formadas da linguagem da LPPO

Termos	Fórmulas

{ε/ε é expressão bem construída da LPPO} = {t/t é um termo}∪{α/α é uma fórmula}

Escopo de um quantificador

O *escopo* de um quantificador (universal ou existencial) é definido como se segue:

1) Se β for a fórmula ∀xα, então o escopo do quantificador ∀, na fórmula β, será a expressão 'α'.

2) Se β for a fórmula ∃xα, então o escopo do quantificador ∃ na fórmula β será a expressão 'α'.

Exemplos:

1) Admitindo-se que β seja a fórmula, quantificada universalmente, ∀x(P(x)→Q(x)), o escopo do quantificador universal em β, será a expressão: (P(x)→Q(x)).

2) Admitindo-se que β seja a implicação ∀xP(x)→Q(x), o escopo do quantificador universal em β, será a expressão: P(x).

3) Admitindo-se que β seja a fórmula, quantificada existencialmente, $\exists x(P(x) \vee Q(x))$, o escopo do quantificador existencial em β, será a expressão: $(P(x)) \vee Q(x))$.

4) Admitindo-se que β seja a disjunção $\exists x(P(x) \vee Q(x))$, o escopo do quantificador existencial em β, será a expressão: $(P(x) \vee Q(x))$,

5) Admitindo-se que β seja a bi-implicação $(\exists xP(x) \leftrightarrow \forall y(Q(y) \rightarrow P(a)))$, o escopo do quantificador existencial em β, será a expressão: $P(x)$; e o escopo do quantificador universal em β será a expressão $(Q(y) \rightarrow P(a))$.

6) Admitindo-se que β seja a fórmula $\exists x \forall y P(x,y)$, o escopo do quantificador existencial em β, será a expressão: $\forall y P(x,y)$; e o escopo do quantificador universal em β será a expressão: $P(x,y)$.

Ocorrência livre ou ligada de uma variável

A seguir serão apresentados os conceitos de: ***ocorrência livre*** de uma variável em uma fórmula; e de ***ocorrência ligada*** de uma variável em uma fórmula.

Uma ocorrência de uma variável x em uma fórmula b é dita ***ligada***, se e somente se b for uma fórmula do tipo $\forall x\alpha$ ou do tipo $\exists x\alpha$. Caso contrário, a ocorrência é dita ***livre***.

Em outras palavras, uma variável x ocorre ligada em uma fórmula β, quando β é do tipo $\forall x\alpha$ (ou do tipo $\exists x\alpha$) e x ocorre no escopo de $\forall$ em β (de $\exists$ em β).

Exemplos:

1) As duas ocorrências da variável x na fórmula $\exists xP(x,a)$ são ligadas.

2) As duas ocorrências da variável x na fórmula $(P(x,a) \leftrightarrow Q(b,x))$ são livres.

3) As duas ocorrências da variável x na fórmula $(P(x,a) \leftrightarrow \exists yQ(x,y))$ são livres; e as duas ocorrências da variável y são ligadas.

4) Na fórmula $(Q(x) \rightarrow \exists xP(x,a))$, a primeira ocorrência de x é livre e a segunda e terceira são ligadas.

5) Na fórmula quantificada universalmente $\forall x(Q(x) \rightarrow P(x,a))$, a primeira, a segunda e a terceira ocorrências de x são ligadas.

6) Na implicação ($\forall xQ(x) \rightarrow P(x,a)$), a primeira e a segunda ocorrências de x são ligadas, e a terceira livre.

Conforme ilustram os exemplos 4) e 6) acima, uma mesma variável x pode ocorrer livre e ligada numa fórmula β, porém cada ocorrência é somente livre, ou somente ligada.

Fórmula Aberta e Fórmula Fechada

Uma fórmula β será ***fechada*** se nenhuma variável ocorre livre em β. Caso contrário, β será uma fórmula ***aberta***.

Exemplos:

1) P(a) é uma fórmula fechada.

2) P(f(x,a)) é uma fórmula aberta.

3) $\forall xQ(x,b)$ é uma fórmula fechada.

4) $(\exists xQ(x) \rightarrow P(x,a))$ é uma fórmula aberta.

5) $\exists x(Q(x) \rightarrow P(x,a))$ é uma fórmula fechada.

6) $\exists x(Q(x) \rightarrow P(x,y))$ é uma fórmula aberta.

7) $\forall y \exists x(Q(x) \rightarrow P(x,y))$ é uma fórmula fechada.

Substituição

Seja α uma fórmula, x uma variável, t um termo da linguagem da LPPO.

A *substituição de x por t em* α, simbolicamente: $\alpha(x/t)$, é a expressão resultante da troca de todas as ocorrências livres de x em α por t.

Variável Substituível por um termo em uma fórmula

Seja α uma fórmula, x uma variável, t um termo da linguagem da LPPO.

Uma variável x é *substituível por um termo t em uma fórmula* α, se:

i) α é uma fórmula atômica;
ii) se α é da forma $\sim \beta$ e x é substituível por t em β;
iii) se α é da forma $\beta \wedge \theta$, $\beta \vee \theta$, $\beta \rightarrow \theta$, $\beta \leftrightarrow \theta$ e x é substituível por t em β e em θ;
iv) se α é da forma $\forall y \beta$ (ou $y\beta$) e se x não ocorre livre em $\forall y \beta$ (ou $\exists y \beta$), ou y não ocorre em t e x é substituível por t em β.

Tradução de expressões das Linguagens Naturais para a Linguagem da LPPO

Para levar a termo a tarefa de escrever uma expressão da língua portuguesa na linguagem da LPPO, deve-se primeiramente verificar se a expressão é um *termo* ou uma *sentença*.

Se for um termo, deve-se verificar:

(1) se for um nome, então a expressão deverá ser representada na linguagem da LPPO por uma constante individual;

(2) se for um pronome, então a expressão deverá ser representada na linguagem da LPPO por uma variável individual;

(3) se for uma descrição, então a expressão deverá ser representada na linguagem da LPPO por um símbolo funcional n-ário aplicado a n termos;

Os exemplos abaixo ilustram o que foi sugerido acima:

1) 'João' poderá ser representado na linguagem da LPPO pela constante individual 'a'.

2) 'Ele' poderá ser representado na linguagem da LPPO pela variável individual 'x'.

3) 'O pai de João' poderá ser representado na linguagem da LPPO pel termo 'f(a)', admitindo-se que o símbolo funcional unário 'f' represente 'o pai de' e a constante individual 'a' represente 'João'.

4) 'O produto de sete e cinco" será representado na linguagem da LPPO pelo termo 'g(a,b)', admitindo-se que o símbolo funcional binário 'g' represente 'o produto de' , a constante individual 'a' represente 'sete' e a constante individual 'b' represente 'cinco'.

Se for uma sentença, deve-se verificar:

(1) se for uma sentença atômica, então a expressão deverá ser representada na linguagem da LPPO por um símbolo predicativo n-ário aplicado a n termos;

(2) se for uma sentença molecular, então deve-se verificar que tipo de sentença molecular ela é e em seguida, quem são as sentenças que a compõem, para que estas possam ser reescritas na linguagem da LPPO.

(3) se for uma sentença quantificada pelo quantificador Universal, então deve-se antepor o quantificador universal seguido de uma variável individual à sentença que foi quantificada.

(4) se for uma sentença quantificada pelo quantificador Existencial, então deve-se antepor o quantificador existencial seguido de uma variável individual à sentença que foi quantificada.

Os exemplos abaixo ilustram o que foi sugerido acima:

1) A sentença atômica 'João é professor' poderá ser representada na linguagem da LPPO pela fórmula 'P(a)', admitindo-se que o símbolo predicativo unário 'P' represente a propriedade 'ser professor' e a constante individual 'a' represente o termo 'João'.

2) A sentença atômica 'A mãe de Ivo é professora' será representada na linguagem da LPPO pela fórmula 'P(h(b))', admitindo-se que o símbolo predicativo unário 'P' represente a propriedade 'ser professora', que o símbolo predicativo unário 'h' represente 'a mãe de' e a constante individual 'b' represente o termo 'Ivo'.

3) A sentença molecular 'João não é professor de Álgebra' será representada na linguagem da LPPO pela fórmula '$\sim Q(a_1, b_1)$', admitindo-se que o símbolo predicativo binário 'Q' represente a relação 'ser professor de', a constante individual 'a_1' represente o termo 'João' e a constante individual 'b_1'represente o termo 'Álgebra'.

4) A sentença molecular 'João é professor de Álgebra e de Análise' será representada na linguagem da LPPO pela fórmula '$Q(a_1, b_1) \wedge Q(a_1, c)$', admitindo-se que o símbolo predicativo binário 'Q' represente a relação 'ser professor de', a constante individual 'a_1' represente o termo 'João' e a constante individual 'b_1' represente o termo 'Álgebra' e a constante individual 'c'represente o termo 'Análise'.

5) A sentença atômica 'Olga está sentada entre Ana e Hugo' será representada na linguagem da LPPO pela fórmula '$P_1(a,b,c)$', admitindo-se que o símbolo predicativo ternário 'R' represente a propriedade 'estar entre', a constante individual 'a' represente o termo 'Olga', a constante individual 'b' represente o termo 'Ana' e a constante individual 'c' represente o termo 'Hugo'.

6) A sentença 'O pai de José é irmão da mãe de Bia' será representada na linguagem da LPPO pela fórmula '$P_1(f(a),g(b))$', admitindo-se que o símbolo predicativo binário 'P' represente a relação 'ser irmão de', o símbolo funcional unário 'f' represente 'o pai de', a constante individual 'a' represente o termo 'José', o símbolo funcional unário 'g' represente ' ser mãe de' e a constante individual 'b' represente o termo 'Bia'.

7) A sentença quantificada universalmente 'Todo felino é carnívoro' poderá ser representada na linguagem da LPPO pela fórmula '$\forall x(P(x) \rightarrow Q(x))$', admitindo-se que o símbolo predicativo unário 'P' represente a propriedade 'ser felino' e que o símbolo predicativo unário 'Q' represente a propriedade 'ser carnívoro'.

8) A sentença quantificada existencialmente 'Alguns mamíferos voam' poderá ser representada na linguagem da LPPO pela fórmula '$\exists x(P(x) \wedge Q(x))$', admitindo-se que o símbolo predicativo unário 'P' represente a propriedade 'ser mamífero' e que o símbolo predicativo unário 'Q' represente a propriedade 'voar'.

9) A sentença 'Nem todo felino é carnívoro' poderá ser representada na linguagem da LPPO pela fórmula '$\sim \forall x(P(x) \rightarrow Q(x))$', admitindo-se que o

símbolo predicativo unário ‘P’ represente a propriedade ‘ser felino’ e que o símbolo predicativo unário ‘Q’ represente a propriedade ‘ser carnívoro’.

10) A sentença ‘Nenhum mamífero voa’ poderá ser representada, na linguagem da LPPO, pela fórmula ‘$\sim\exists x(P(x)\wedge Q(x))$’, admitindo-se que o símbolo predicativo unário ‘P’ represente a propriedade ‘ser mamífero’ e que o símbolo predicativo unário ‘Q’ represente a propriedade ‘voar’.

11) A sentença ‘Qualquer mãe ama seu filho’ poderá ser representada, na linguagem da LPPO, pela fórmula ‘$\forall x(P(x)\rightarrow Q(x,f(x)))$’, admitindo-se que o símbolo predicativo unário ‘P’ represente a propriedade ‘ser mãe’, o símbolo predicativo binário ‘Q’ represente a relação ‘x ama y’ e que o símbolo funcional unário ‘f’ represente ‘a mãe de’.

12) A sentença ‘Alguns professores se especializam em certas disciplinas’ poderá ser representada, na linguagem da LPPO, pela fórmula ‘$\exists x(P(x)\wedge\exists y(Q(x)\wedge R(x,y)))$’, admitindo-se que o símbolo predicativo unário ‘P’ represente a propriedade ‘x professor’ e que o símbolo predicativo unário ‘Q’ represente a propriedade ‘y é disciplina’ e o símbolo predicativo binário ‘R’ representa a relação ‘x se especializa em y’.

13) A sentença ‘Alguns professores são admirados por qualquer aluno’ poderá ser representada, na linguagem da LPPO, pela fórmula ‘$\exists x(P(x)\wedge\forall y(Q(x)\rightarrow R(x,y)))$’, admitindo-se que o símbolo predicativo unário ‘P’ represente a propriedade ‘x professor’ e que o símbolo predicativo unário ‘Q’ represente a propriedade “y é aluno’ e o símbolo predicativo binário ‘R’ representa a relação ‘x admira y’.

Exercícios Propostos

I) Escreva, na linguagem da LPPO, as seguintes expressões.

1) João
2) o pai de Pedro
3) o fatorial de 3
4) $2+4$
5) $2<5$
6) $2\leq 5$
7) $2+1=1+2$
8) a está entre b e c

9) João é professor.
10) João é professor e músico.
11) Ana e Vera são professoras.
12) João é professor de Álgebra e de Lógica.
13) Tudo é branco
14) Nem tudo é branco
15) Algo é branco
16) Nada é branco
17) Certos jornais são excelentes.
18) Alguns homens são honestos e alguns homens não são honestos.
19) Se todo homem é honesto, então João é honesto.
20) Se Clara é honesta, então alguém é honesto.
21) Cada estudante é capaz de resolver algumas questões.
22) Alguma questão não será resolvida por todos os alunos.
23) Nem todas as questões serão resolvidas por algum aluno.
24) Nenhuma questão será resolvida por todos os alunos.
25) A condição suficiente para que João seja aprovado é que João tire 7,0 em todas as provas.
26) João é mais alto que todos os seus primos.
27) João é mais velho que Ana.
28) João é mais velho que seu irmão.
29) João é casado com Ana e é pai de Bruno.
30) Ninguém será reprovado.
31) Alguns serão aprovados.
32) Todos os alunos da Turma A serão aprovados na disciplina Y.
33) Nenhum aluno da turma A será reprovado na disciplina Y.
34) Alguns alunos da turma A serão aprovados na disciplina Y.
35) Nenhum aluno da turma X gosta de Biologia.
36) Alguns estudantes gostam de Física e alguns gostam de Matemática.
37) Oscar e Maria gostam de Matemática.
38) João gosta de Matemática, mas não gosta de Física.
39) Só estudantes que gostam de Física gostam de Matemática.
40) Se Maria é mais velha que Virgínia e Virgínia é mais velha que Teresa, então Maria é mais velha que Teresa.
41) Ninguém detesta qualquer pessoa.
42) Somente quem tem mais de 18 anos pode dirigir.
43) Nem todo cineasta admira qualquer filme.
44) Nenhum atleta se especializa em toda modalidade esportiva.
45) Futebol é um esporte que é admirado por qualquer brasileiro.

II) Escreva na Linguagem da LPPO os seguintes argumentos:

a) José é dentista
Logo, alguém é dentista

b) Todo pássaro voa
Piu é pássaro
Logo, Piu voa

c) Todo paulista é brasileiro.
Roberto Abdalla é paulista.
Todo paulista é corinthiano.
Logo, algum brasileiro é corinthiano.

d) Algumas disciplinas não são interessantes.
Qualquer disciplina é importante.
Consequentemente, algumas coisas importantes não são interessantes.

e) Qualquer pessoa que é aprovada em algum teste de Lógica, é lógica.
Crianças são lógicas.
Portanto, qualquer pessoa que é aprovada em algum teste de lógica, é criança.

f) Alguns homens são casados.
Alguns homens são viúvos.
Logo, alguns homens casados são viúvos.

g) Todas as linguagens de programação são importantes.
Nenhuma linguagem de programação importante será dispensada.
PROLOG é uma linguagem de programação.
Logo, pelo menos uma linguagem de programação não será dispensada.

h) Todos os professores de Alice são professores de Branca.
Nenhum professor de Alice é orientador de Cristina.
Danilo é orientador de Cristina.
Logo, algum orientador de Cristina não é professor de Alice.

i) Helena gosta de Flávio.
Quem gosta de Flávio gosta de Alceu.
Helena gosta de homens educados.
Logo, Alceu é um homem educado.

j) Quem apoia Ivan, vota em João.
Antônio votará apenas em quem for amigo de Hugo.
Nenhum amigo de Caio é amigo de João.
Hugo é amigo de Caio.
Logo, Antônio não apoiará Ivan.

III) Em quais dos itens abaixo há ocorrência(s) de variável(eis) livre(s) ?

a) $P(x)$
b) $\forall x P(x)$
c) $\forall x (P(x) \rightarrow Q(x))$
d) $(\forall x P(x)) \rightarrow Q(x)$
e) $R (x, y)$
f) $\exists x R (x, y)$
g) $\exists x \forall y R (x, y)$
h) $P(a)$
i) $Q(b)$
j) $P(a) \wedge Q(x)$
k) $P(a) \rightarrow Q(x)$
l) $P(a) \wedge \exists x Q(x)$
m) $\forall x (P(a) \rightarrow Q(x))$
n) $P(a) \wedge \forall x Q(x)$
o) $\forall y (P(a) \rightarrow Q(x))$
p) $\forall y (P(a) \rightarrow Q (x,y))$
q) $\forall y (P(a) \rightarrow \exists x Q (x, y))$
r) $\forall y (P(x))$
s) $\forall x \exists y R(a, b)$
t) $(\forall x P(x)) \rightarrow P(x)$
u) $(\forall x P(x)) \rightarrow P(a)$
v) $P(b) \rightarrow \exists x P(x)$

Capítulo 9
Semântica da LPPO

'Não há homens mais inteligentes do que aqueles que são capazes de inventar jogos. É aí que o seu espírito se manifesta mais livremente. Seria desejável que existisse um curso inteiro de jogos tratados matematicamente'.
Leibniz

Na sintaxe da linguagem da LPPO, foi definido quais cadeias de símbolos do alfabeto eram consideradas termos e quais eram consideradas fórmulas. É no âmbito da semântica que tais expressões bem construídas (termos ou fórmulas) são interpretadas.

Conforme foi dito anteriormente, do ponto de vista da lógica, interpretar uma fórmula consiste em criar uma circunstância na qual ela possa ser avaliada como verdadeira ou falsa.

Na semântica da LS, interpretar uma fórmula consistia em atribuir um valor-de-verdade as fórmulas atômicas que nela figuravam, criando dessa forma uma circunstância na qual a fórmula era avaliada.

Como as fórmulas atômicas da LPPO são construídas a partir da aplicação de símbolos predicativos n-ários a n termos, para interpretá-las, é necessário estabelecer primeiramente um universo de discurso sobre o qual elas serão interpretadas e em seguida como os termos (constantes individuais, variáveis individuais e símbolos funcionais n-ários aplicados a n termos) serão interpretados sobre tal universo e como os símbolos predicativos n-ários serão interpretados.

Sintetizando, para darmos significado as fórmulas atômicas da linguagem da LPPO temos que fornecer:

1) um universo de discurso D;

2) os elementos distinguidos de D que são representados pelas constantes individuais e variáveis individuais;

3) as funções definidas nesse universo de discurso, que virão a interpretar os símbolos funcionais n-ários da linguagem;

4) as relações definidas nesse universo de discurso, que virão a interpretar os símbolos predicativos n-ários da linguagem.

Para formular de maneira precisa o conceito de interpretar fórmulas atômicas da linguagem da LPPO, vamos introduzir a noção de Estrutura:

Uma ESTRUTURA Δ é um par ordenado $<D,\upsilon>$ onde:

D é um conjunto não vazio de indivíduos chamado domínio de Δ;

υ é uma função chamada de função de valoração, definida como:

i) υ associa a cada variável individual e a cada constante individual um indivíduo do domínio D;

ii) υ associa a cada símbolo funcional n-ário f uma operação n-ária f′ sobre os elementos de D tal que (onde $t_{1,\ldots,}t_n$ são termos): $\upsilon(f(t_{1,\ldots,}t_n)) = f'(\upsilon(t_1), \ldots, \upsilon(t_n))$

iii) υ associa a cada símbolo predicativo n-ário P uma relação n-ária P′ sobre os elementos de D.

Exemplo: Exiba uma estrutura para a fórmula P(a, b).

Estrutura $<D, \upsilon>$ onde:

$D = \{1, 2, 3\}$
$\upsilon(a) = 3$
$\upsilon(b) = 1$
$\upsilon(P) = \{(1, 1), (2, 2), (3, 3)\}$

Veremos a seguir que essa estrutura Δ não satisfaz P(a,b).

Satisfazibilidade de uma fórmula em uma Estrutura

Sejam α, β fórmulas da linguagem da LPPO, $t_{1,\ldots,}t_n$ termos, P um símbolo predicativo n-ário e $\Delta = <D,\upsilon>$ uma estrutura.

Definimos a noção de Satisfação $|=$ como uma relação satisfazendo as seguintes condições:

$|= P(t_{1,\dots,} t_n)$ sse $<\upsilon(t_1), \dots, \upsilon(t_n)> \in \upsilon(P)$;

$|= \sim\alpha$ sse não é o caso que $|= \alpha$

$|= \alpha\wedge\beta$ sse $|= \alpha$ e $|= \beta$

$|= \alpha\vee\beta$ sse $|= \alpha$ ou $|= \beta$

$|= \alpha\rightarrow\beta$ sse não é o caso que $|= \alpha$ ou $|= \beta$

$|= \forall x\alpha([\upsilon]$ sse $|= \alpha(x/c)\ [\upsilon']$ para toda função de valoração υ' que venha a diferir de υ somente na atribuição à constante nova c.

$|= \exists x\alpha[\upsilon]$ sse $|= \alpha(x/c)\ [\upsilon']$ para alguma função de valoração υ' que venha a diferir de υ somente na atribuição à constante nova c.

A expressão $\Delta \models \delta$ significa que a fórmula δ é verdadeira na estrutura Δ,ou que Δ satisfaz δ, ou que ainda que Δ é modelo de δ.

Classificação das Fórmulas da LPPO

δ será ***satisfazível*** se existir pelo menos uma estrutura Δ que satisfaz δ.
δ será ***válida*** se toda estrutura Δ satisfaz δ.
δ é ***insatisfazível*** se nenhuma estrutura Δ satisfaz δ.
δ é ***inválida*** se alguma estrutura Δ não satisfaz δ.

Exemplos:

a) A fórmula P(a) é satistazível, pois é verdadeira na estrutura $<D, \upsilon>$, onde:
$D = \{1, 2, 3\}$, $\upsilon(a) = 2$ e $\upsilon(P) = \{2\}$

b) A fórmula Q(b) é inválida, pois é falsa na estrutura $<D, \upsilon>$, onde:
$D = \{1, 3, 5\}$, $\upsilon(b) = 3$ e $\upsilon(P) = \{\ \}$

Cabe comentar que intuitivamente, a fórmula $\forall x P(x)$ é verdadeira quando todos os elementos do domínio satisfazem o predicado P(*x*), e a fórmula $\exists x P(x)$ é verdadeira quando pelo menos um elemento do domínio satisfaz o predicado P(*x*).

Exemplos:

a) A fórmula $\forall xP(x) \rightarrow \exists xP(x)$ é uma fórmula válida, visto que qualquer estrutura a satifaz.

b) A fórmula $\exists x(Q(x) \land \sim Q(x))$ é insatisfazível, porque não há estrutura na qual um mesmo elemento do domínio satisfaça e não satisfaça a mesma propriedade.

c) A fórmula $\forall x \exists y P(x, y)$ é satisfazível, pois é verdadeira, por exemplo, na estrutura onde $D = \{1, 2, 3\}$ e $\upsilon(P) = \{ (1,1), (2,1), (3,2)\}$.

d) A fórmula $\forall x \exists y P(x, y)$ é inválida, pois é falsa, por exemplo, na estrutura onde $D = \{1, 2, 3\}$ e $\upsilon(P) = \{ (2,1), (3,2)\}$.

e) A fórmula $\exists x \forall y P(x, y)$ é satisfazível, pois é verdadeira, por exemplo, na estrutura onde $D = \{1, 2, 3\}$ e $\upsilon(P) = \{ (3,1), (3,2), (3,3)\}$.

d) A fórmula $\exists x \forall y P(x, y)$ é inválida, pois é falsa, por exemplo, na estrutura onde $D = \{1, 2, 3\}$ e $\upsilon(P) = \{ (3,1), (3,2)\}$.

Consequência Lógica (Consequência semântica)

α será ***consequência lógica*** de um conjunto de fórmulas Γ, se toda estrutura que satisfizer todo membro de Γ também satisfizer α.

Notação: $\Gamma \models \alpha$.

Observação: Toda fórmula que é obtida pela substituição sistemática das letras sentenciais de uma tautologia por fórmulas da LPPO é uma fórmula válida como, por exemplo, $P(x) \rightarrow P(x)$.

Exemplos:

a) A fórmula $\exists xP(x)$ é consequência lógica da fórmula $\forall xP(x)$.

b) A fórmula $\exists xP(x)$ é consequência lógica da fórmula $\exists x(P(x) \land Q(x))$.

c) A fórmula $\exists xP(x)$ é consequência lógica da fórmula $\forall x(P(x) \land Q(x))$.

d) A fórmula $\forall xP(x) \wedge \forall xQ(x)$ é consequência lógica da fórmula $\forall x(P(x)\wedge Q(x))$.

e) A fórmula $\forall xP(x)$ **não** é consequência lógica da fórmula $\exists xP(x)$, basta interpretar a o símbolo predicativo unário 'P' como o predicado 'ser par' sobre o Domínio D = {1,2,3}.

f) A fórmula $\forall xP(x)\vee\forall xP(x)$ **não** é consequência lógica da fórmula $\forall x(P(x)\vee Q(x)$ basta interpretar a o símbolo predicativo unário 'P' como o predicado 'ser par' e o símbolo predicativo unário 'Q' como o predicado 'ser ímpar' sobre o domínio D = {1,2,3,4}.

Equivalência lógica

Duas fórmulas α e β serão *equivalentes* se e só se a fórmula $\alpha\leftrightarrow\beta$ for válida.

Exemplos:

a)A fórmula $\sim\forall xP(x)$ é equivalente a fórmula $\exists x{\sim}P(x)$.

b) A fórmula $\sim\exists xP(x)$ é equivalente a fórmula $\forall x{\sim}P(x)$.

c)A fórmula $\sim\forall x{\sim}P(x)$ é equivalente a fórmula $\exists xP(x)$.

d) A fórmula $\sim\exists x{\sim}P(x)$ é equivalente a fórmula $\forall xP(x)$.

e) A fórmula $\forall x(P(x)\wedge Q(x))$ é equivalente a fórmula $\forall xP(x)\wedge\forall xQ(x)$

f) A fórmula $\exists x(P(x)\vee Q(x))$ é equivalente a fórmula $\exists xP(x)\vee\exists xQ(x)$

Exercícios Propostos

1) Determine o valor-de-verdade das seguintes sentenças, considerando o universo dado:

a) $\forall x\exists y(x-y=0)$; U = {−1, 0, +1}
b) $\forall x$ (x é vogal) $\rightarrow\exists y$ (y é consoante) ; U = { a, e, i, o, u}
c) $\forall x(x\in N\rightarrow(x>0\rightarrow x\in N))$; U = {1/2, 1/6, −1, 7}
d) $\exists x(x\in N\wedge x\notin N)$; U = {1/5, 8}
e) $\exists x(x\in N)\wedge\exists x(x\notin N)$; U = {1/5, 8, 22}

f) $\exists x(x > 0 \rightarrow x \in N)$; $U = \{1/2, 2, -7\}$
g) $\exists x(x > 0 \rightarrow x \in N)$; $U = \{0, 1/5\}$
h) $\exists x(x > 0 \rightarrow x \in N)$; $U = \{1/5\}$
i) $\forall x (x > 0 \rightarrow x \in N)$; $U = \{1/2, 1/6, -1, 7\}$
j) $\forall x(x \in N \rightarrow \exists y(y \in N \wedge (x < y \vee x = y))$; $U=\{x/x \text{ é natural}\}$
l) $\exists x(x \in N \wedge \forall y(y \in N \rightarrow (x < y \vee x = y))$; $U=\{x/x \text{ é natural}\}$
m) $\forall x(x \in N \rightarrow x \notin N)$; $U=\{ 1/7 , 9\}$
n) $\forall x(x \notin N \rightarrow x \in N)$; $U=\{ 1/7 , 9\}$
o) $\forall x(x > 9 \rightarrow x > 15)$; $U=\{6, 12 , 24\}$
p) $\forall x(x \in N \rightarrow x < 8)$; $U=\{ 1/2, 6\}$
q) $\forall x(xN \wedge x < 8)$; $U=\{ 1/2, 6\}$

2) Escreva, em linguagem natural, as sentenças dadas no exercício anterior.

3) Qual o valor-de-verdade de $\forall x(x>1 \rightarrow \exists y(y \in Z \wedge x-(-y) = 0))$, sobre $U = \{0,1,2\}$.

4) Determine o valor-de-verdade de $\forall x(x^2 = x)$, considerando $U = \{-1,0,1\}$.

5) Em cada item, determine um conjunto universo U sobre o qual

$$\exists x(x \text{ é par}) \rightarrow \forall x(x \text{ é par})$$

(a) seja verdadeira;
(b) seja falsa

6) Quais, dentre as fórmulas abaixo são satisfeitas *por qualquer estrutura*?

a) $\exists xP(x) \rightarrow \forall xP(x)$
b) $\forall xP(x) \rightarrow \exists xP(x)$
c) $P(a) \rightarrow \exists xP(x)$
d) $\exists xP(x) \rightarrow (\exists xP(x) \vee \exists xQ(x))$
e) $\forall x(P(x) \wedge Q(x)) \rightarrow (\forall x(P(x) \wedge (Q(x) \vee R(x))))$
f) $(\forall xP(x) \rightarrow \exists xP(x))$
g) $(\exists xP(x) \rightarrow \forall xP(x))$
h) $(\exists xP(x) \rightarrow \exists x(P(x) \vee Q(x))$
i) $(\forall xP(x) \rightarrow \forall x(P(x) \vee Q(x))$
j) $(\forall x(P(x) \rightarrow Q(x)) \rightarrow (\forall xP(x) \rightarrow Q(x)))$
k) $(\forall x(P(x) \wedge Q(x) \rightarrow \forall x((P(x) \vee R(x)) \rightarrow (Q(x) \vee R(x))))$

7) Em cada item que se segue, dê exemplo de um tipo de Conjunto Universo sobre o qual as fórmulas:

$$\text{(i) } \forall x\, P(x) \leftrightarrow \exists x\, P(x)$$

e

$$\text{(ii) } \forall x \exists y\, Q(x,y) \leftrightarrow \exists x \forall y\, Q(x,y),$$

sejam sempre verdadeiras, independente de qual seja a interpretação dada a 'P' e 'Q'.

8) Amélia, a secretária de um empresário, foi incumbida de colocar quatro cartas no correio. As quatro cartas estavam escritas e os quatro envelopes estavam corretamente endereçados. Porém, por um descuido de Amélia, nem todas as cartas foram colocadas nos envelopes certos. Sabe-se que nenhum envelope ficou vazio. Admitindo-se que: ou Amélia colocou exatamente três cartas nos envelopes certos, ou colocou exatamente duas cartas nos envelopes certos, ou colocou exatamente uma carta no envelope errado; podemos afirmar que:

(a) exatamente duas cartas foram colocadas nos envelopes certos.
(b) exatamente três cartas foram colocadas nos envelopes certos.
(c) exatamente uma carta foi colocada no envelope errado.
(d) no máximo uma carta foi colocada no envelope errado.

Resposta: Exatamente três certas é a mesma coisa que exatamente uma errada, de modo que a escolha é entre exatamente três certas e exatamente duas certas. Ora, é impossível acertar exatamente três, porque, se três estivessem certas, a quarta também teria que estar! Logo, Amélia colocou exatamente duas cartas nos envelopes certos.

9) Uma determinada empresa oferece a seus funcionários cursos de Inglês, Francês e Espanhol. É sabido que: todos os funcionários cursam pelo menos uma das três línguas; nem todos os funcionários que cursam inglês, cursam espanhol; o número de funcionários que cursa inglês é maior que o número de funcionários que cursa espanhol e os funcionários que fazem o curso de inglês, não fazem o de francês. A partir dessas informações é correto concluir que:

(a) Nem todo funcionário faz curso de francês ou espanhol.
(b) Pelo menos um funcionário faz curso de Inglês, Francês e Espanhol.
(c) Todo funcionário que faz curso de Francês, faz curso de Inglês.
(d) Nenhum funcionário que faz curso de Inglês, faz curso de Espanhol.

10) Classifique as fórmulas abaixo como: Válidas, Inválidas, Satisfazíveis ou Insatisfazíveis:

a) $P(f(a))$
b) $Q(f(a, b))$
c) $P(f(a, b), g(a, b))$
d) $P(f(a, b), f(b, a))$
e) $\forall x \exists y P(f(x, y), a)$
f) $\exists x \forall y Q(g(x, y), x)$

11) Escreva na linguagem da Lógica de Predicados de Primeira Ordem:

a) $\forall x \exists y\ (x + y = 0)$
b) $\forall x \exists y\ (x + y = x)$
c) $\exists x \forall y\ (x \cdot y = 0)$
d) $\forall x (x = x^2)$
e) $\forall x (x\acute{e}par \rightarrow x \geq 5)$

12) Mostre que as seguintes fórmulas são satisfazíveis e inválidas:

a) $\forall x\ \exists y (P(x, y) \rightarrow P(y, x)$
b) $(\forall x\ \exists y (P(x, y) \rightarrow \exists x \forall y P(x, y))$
c) $(\forall x\ \exists y (Q(x, y, a) \rightarrow \exists x \forall y Q(x, y, a))$

13) Determine um tipo de universo sobre o qual a fórmula $(\exists x P(x) \rightarrow \forall x Q(x))$ seja verdadeira, independente do modo como o símbolo predicativo *P* seja interpretado.

14) Determine um tipo de universo sobre o qual a fórmula $(\forall x\ \exists y P(x, y) \rightarrow \exists x \forall y P(x, y))$ seja verdadeira, independente do modo como o símbolo predicativo seja interpretado.

15) Admitindo-se que seja o conjunto cujos elementos são as seguintes fórmulas: $\forall x(P(x, a) \rightarrow Q(x, b))$, $\forall x(Q(c, x) \rightarrow R(x, d))$, $\forall x(R(x, e) \rightarrow \neg R(x, b)$, $\forall x \forall y(R(x, y) \rightarrow R(y, x))$, $R(d, e)$; mostre que:

$$\Sigma \vdash \exists x \exists y \neg P(x, y)$$

16) Determine o valor-de-verdade da sentença: 'Qualquer número natural maior que dois é par', sobre cada um dos universos abaixo:

(a) $U = \{1/2, 1, 4\}$
(b) $U = \{1, 4, 5\}$
(c) $U = \{1, 2, 3\}$
(d) $U = \{1/2, 2, 3\}$

17) Determine o valor-de-verdade da sentença: 'CADA ELEMENTO DE U É MAIOR QUE PELO MENOS UM ELEMENTO DE U' , com respeito a cada um dos seguintes itens:

(a) $U = \{x/x$ é número inteiro$\} - \{x/x$ é número natural$\}$
(b) $U = \{x/x$ é número natural$\} \cap \{x/x$ é número inteiro$\}$
(c) $U = \{x/x$ é número natural e $x > 3\}$
(d) $U = \{x/x$ é número natural e $x < 3\}$

18) Considerando como universo de discurso o conjunto $U = \{-1, 0, 1\}$, determine o valor-de-verdade das afirmações abaixo:

( ) $\forall x \, \exists y \, (x + y = 0)$
( ) $\forall x \, \forall y \, (x + y \in U)$
( ) $\exists x \, \forall y \, (x + y = 0)$
( ) $\exists x \, \forall y \, (x > y)$

19) Considerando $A = \{1, 3, 5\}$ e $B = \{1, 2, 4, 6\}$, determine o valor-de-verdade das afirmações abaixo. Justifique.

( ) Nenhum elemento de A é menor que qualquer elemento de B.
( ) Nenhum elemento de A é menor que algum elemento de B.
( ) Todo elemento de A é menor ou igual a qualquer elemento de B.
( ) Todo elemento de A é menor que algum elemento de B.

16) Determine o valor [illegible]

[illegible]

18) Considerando o universo do discurso o conjunto U = [illegible], determine o valor-lógico das sentenças abaixo:

[illegible]

19) Considerando [illegible]

[illegible]

Capítulo 10
Sistema Dedutivo de Tableaux Semânticos para a LPPO

'Uma boa parte da Matemática tornada útil se desenvolveu sem nenhum desejo de ser útil, numa situação onde ninguém podia saber em que domínios ela se tornaria útil. Não havia nenhuma indicação geral de que ela se tornaria útil. Isto é verdade em toda ciência'.
Von Neumann

Uma vez que a LPPO é uma extensão da LS, estenderemos os conceitos de Tableau Semântico vistos no capítulo 4, acrescentado às regras de Inferência R_1 a R_9 as seguintes regras de inferência que ditam o comportamento dos quantificadores Universal e Existencial:

Seja $\alpha(x)$ uma fórmula da LPPO:

R_{10}

$$\frac{\forall x \alpha(x)}{\alpha(t)}$$

onde t é qualquer termo da linguagem da LPPO

A regra de inferência R_{10} nos possibilita particular a partir do quantificador universal.

R_{11}

$$\frac{\exists x \alpha(x)}{\alpha(t)}$$

onde t é um termo novo no tableau em pauta

A regra de inferência R_{11} nos possibilita particularizar a partir do quantificador existencial.

R_{12}

$$\frac{\sim\forall x\alpha(x)}{\exists x{\sim}\alpha(x)}$$

A regra de inferência R_{12} descreve o comportamento da negação de uma fórmula quantificada universalmente.

R_{13}

$$\frac{\sim\exists x\alpha(x)}{\forall x{\sim}\alpha(x)}$$

A regra de inferência R_{12} descreve o comportamento da negação de uma fórmula quantificada existencialmente.

Tableau associado a um conjunto de fórmulas

Seja Γ o conjunto de fórmulas $\{\alpha_1, \ldots, \alpha_n\}$ da LPPO.

A definição de tableau associado a Γ é apresentada a seguir:

Admita que a sequência de fórmulas abaixo, apresentada na forma de uma árvore, com um único ramo, em que cada nó é rotulado por cada fórmula de Γ, seja um tableau associado a Γ.

$$\begin{array}{c} \alpha_1 \\ \alpha_2 \\ \alpha_3 \\ \alpha_4 \\ . \\ . \\ . \\ \alpha_n \end{array}$$

Seja Ψ um tableau associado a Γ. Se Ψ^* for uma árvore obtida através da aplicação de alguma das regras de inferência $R_1, \ldots, R_9$ do capítulo 4 e das regras $R_{10}, \ldots, R_{13}$ ao tableau Ψ, então Ψ^* também será um tableau associado a Γ.

O exemplo a seguir apresenta um tableau associado a um conjunto de fórmulas.

Exemplo:

Dado o conjunto $\Gamma = \{\forall x(P(x) \wedge Q(x)), \sim\forall x R(x)\}$, a árvore abaixo ilustra um tableau associado a Γ.

$$\forall x(P(x) \wedge Q(x))$$
$$|$$
$$\sim\forall x R(x)$$
$$|$$
$$\exists x \sim R(x)$$
$$|$$
$$\sim R(a)$$
$$|$$
$$P(a) \wedge Q(a)$$
$$|$$
$$P(a)$$
$$|$$
$$Q(a)$$

Ramos de um Tableau

Um ramo de um tableau será *fechado*, se contiver uma fórmula α e a sua negação $\sim\alpha$. Caso contrário, o ramo será *aberto*.

Tableau Fechado

Um tableau será *fechado* se todos os seus ramos forem fechados. Caso contrário, o tableau será *aberto*.

Prova

Seja α uma fórmula da LPPO. Uma *prova de* α no Sistema Dedutivo de Tableaux Semânticos será um tableau fechado associado a $\{\sim\alpha\}$, ou equivalentemente, um tableau fechado associado α $\sim$.

Teorema

Uma fórmula a será um *teorema* do Sistema Dedutivo de Tableaux Semânticos, se existir uma prova de a em tal sistema.

Exemplo:

Para mostrar que a fórmula $\forall xP(x) \rightarrow \forall x(P(x) \vee Q(x))$ é um teorema do Sistema de Tableaux, deve-se mostrar que existe um tableau fechado associado a $\sim(\forall xP(x) \rightarrow \forall x(P(x) \vee Q(x)))$, conforme pode ser observado abaixo.

$$\sim(\forall xP(x) \rightarrow \forall x(P(x) \vee Q(x)))$$
|
$$\forall xP(x)$$
|
$$\sim \forall x(P(x) \vee Q(x))$$
|
$$\forall xP(x)$$
|
$$\sim(P(a) \vee Q(a))$$
|
$$\sim P(a)$$
|
$$\sim Q(a))$$
|
$$P(a)$$
x

Consequência Dedutiva no Sistema de Tableaux Semânticos

Seja β uma fórmula e Γ um conjunto de fórmulas da LPPO $\{\alpha_1, ..., \alpha_n\}$.

A fórmula β será *consequência dedutiva de Γ* no Sistema Dedutivo de Tableaux Semânticos, se a fórmula $(\alpha_1 \wedge ... \wedge \alpha_n) \rightarrow \beta$ for um teorema de tal sistema.

Notação: É usual representar-se, simbolicamente, o fato que é consequência dedutiva de Γ, colocando-se o sinal '$|-$' entre o conjunto Γ e a fórmula β, da seguinte forma: $\Gamma|-\beta$.

Exemplo:

Para mostrar que a fórmula $\exists x(P(x) \vee Q(x))$ é consequência dedutiva de $\Gamma = \{\exists xP(x)$ no Sistema de Tableaux, deve-se mostrar que a fórmula $(\exists xP(x) \rightarrow \exists x(P(x) \vee Q(x))$ é um teorema. Ou seja, que existe um tableau fechado associado $\alpha \sim (\exists xP(x) \rightarrow \exists x(P(x) \vee Q(x))$, conforme pode ser observado abaixo.

$$\sim (\exists xP(x) \rightarrow \exists x(P(x) \vee Q(x))$$
$$|$$
$$\exists xP(x)$$
$$|$$
$$\sim \exists x(P(x) \vee Q(x))$$
$$|$$
$$\forall x \sim (P(x) \vee Q(x))$$
$$|$$
$$P(a)$$
$$|$$
$$\sim (P(a) \vee Q(a))$$
$$|$$
$$\sim P(a)$$
$$|$$
$$\sim Q(a)$$
$$\text{x}$$

O Sistema Dedutivo de Tableaux Semânticos para a LS é Correto e Completo.

Observação: Em se tratando de um sistema correto e completo, para mostrar que uma fórmula da LPPO é válida, basta mostrar que ela é um teorema do sistema em pauta; para mostra que uma fórmula α da LPPO é consequência lógica de um conjunto de fórmulas Σ é suficiente mostrar que a implicação cujo antecedente é constituído da conjunção das fórmulas de Σ e cujo consequente é α é um teorema do Sistema de Tableaux Semânticos e para mostra que duas fórmulas α e β são equivalentes basta mostrar que a fórmula $\alpha \rightarrow \beta$ é um teorema.

Exemplos:

a) $\forall xP(x) \rightarrow \exists xP(x) \vee \forall xQ(x)$ é uma fórmula válida conforme mostraremos a seguir:

$$
\begin{array}{c}
\sim(\forall xP(x) \rightarrow \exists xP(x) \vee \forall xQ(x)) \\
| \\
\forall xP(x) \\
| \\
\sim(\exists xP(x) \vee \forall xQ(x)) \\
| \\
\sim \exists xP(x) \\
| \\
\sim \forall xQ(x) \\
| \\
\forall x \sim P(x) \\
| \\
P(a) \\
| \\
\sim P(a) \\
X
\end{array}
$$

b) Vamos mostrar que as fórmulas $\forall x(P(x) \wedge Q(x))$ e $(\forall xP(x) \wedge \forall xQ(x))$ são fórmulas equivalentes.

$$
\begin{array}{ccc}
\multicolumn{3}{c}{\sim \forall x(P(x) \wedge Q(x)) \leftrightarrow (\forall xP(x) \wedge \forall xQ(x))} \\
\multicolumn{3}{c}{/ \quad \backslash} \\
\multicolumn{2}{c}{\forall x(P(x) \wedge Q(x))} & \sim(\forall xP(x) \wedge \forall xQ(x)) \\
\multicolumn{2}{c}{|} & | \\
\multicolumn{2}{c}{\sim(\forall xP(x) \wedge \forall xQ(x))} & \forall x(P(x) \wedge Q(x)) \\
\multicolumn{2}{c}{/ \quad \backslash} & | \\
 & & \forall xP(x) \\
\sim(\forall xP(x) & \sim \forall xQ(x)) & | \\
| & | & \forall xQ(x)) \\
\exists x \sim P(x) & \exists x \sim Q(x) & | \\
| & | & \exists x \sim(P(x) \wedge Q(x)) \\
\sim P(b) & \sim Q(c) & / \quad \backslash \\
| & | & \sim P(a) \quad \sim Q(a) \\
P(b) \wedge Q(b) & P(c) \wedge Q(c) & | \qquad | \\
| & | & P(a) \quad Q(a) \\
P(b) & Q(c) & x \qquad x \\
x & x &
\end{array}
$$

Exercícios Propostos

1. Dê exemplo de uma fórmula insatisfazível da LPPO.

2. Dê exemplo de um conjunto Σ de fórmulas da LPPO, de modo que, α seja consequência lógica de Σ, para qualquer que seja a fórmula α da LPPO.

3. Dê exemplo de uma fórmula α da LPPO, de modo que, α seja consequência lógica de Σ, para qualquer que seja o conjunto Σ de fórmulas da LPPO.

4. Dê exemplo de uma fórmula α e de uma fórmula da β, da LPPO, de modo que β seja consequência lógica de α, porém α não seja consequência lógica de β.

5. Classifique as fórmulas abaixo como válidas ou inválidas, satisfazíveis ou insatisfazíveis.

a) $\forall x(P(x) \vee Q(x)) \leftrightarrow (\forall xP(x) \vee \forall xQ(x)))$
b) $((\exists xP(x) \wedge \exists xQ(x)) \leftrightarrow \exists x(P(x) \wedge Q(x)))$
c) $\forall x \exists y P(f(x, y), g(x, y))$
d) $\forall x \exists y P(f(x, y), y)$
e) $(\exists xP(x) \rightarrow Q(x)) \rightarrow \exists x(P(x) \wedge \sim Q(x))$
f) $(\forall x(P(x) \vee Q(x)) \rightarrow \forall x(P(x))$
g) $(\exists x(P(x) \vee Q(x)) \rightarrow \exists x(P(x))$
h) $\exists x(P(x) \wedge \forall y(Q(y) \rightarrow R(x, y)))$
i) $\forall x \exists y(P(f(x, y), a))$

6. Mostre que:

a) $\vdash (\forall x(P(x) \wedge Q(x)) \leftrightarrow (\forall xP(x) \wedge \forall xQ(x)))$
b) $\vdash ((\forall x(P(x) \vee (\forall x(P(x) \rightarrow \forall x(P(x) \vee Q(x))$
c) $\vdash (\exists x(P(x) \vee Q(x)) \leftrightarrow (\exists xP(x) \vee \exists xQ(x)))$
d) $\vdash (\exists x(P(x) \wedge Q(x)) \rightarrow (\exists xP(x) \wedge \exists xQ(x)))$
e) $\vdash (\forall x(P(x) \rightarrow Q(x)) \rightarrow (\forall x(P(x) \rightarrow \exists xQ(x)))$
f) $\vdash \exists xP(x) \rightarrow (\forall xQ(x) \rightarrow (\exists x(P(x) \wedge Q(x)))$
g) $\vdash (\exists x(P(x) \wedge Q(x) \rightarrow \exists xP(x))$

7. Dê exemplo de uma fórmula insatisfazível da LPPO.

8. Dê exemplo de um conjunto Σ de fórmulas da LPPO, de modo que $\Sigma \models \sim\alpha$, qualquer que seja a fórmula α da LPPO.

9. Dê exemplo de uma fórmula α da LPPO de modo que para qualquer fórmula β da LPPO, $(\alpha \vee \beta) \models (\alpha \rightarrow \beta)$.

10. Classifique cada afirmação abaixo como Verdadeira ou Falsa,

(a) Nem toda fórmula da LPPO inválida é insatisfazível.
(b) A condição necessária para que uma fórmula α,da LPPO, seja válida é que α seja satisfazível .
(c) $(\forall xP(x) \vee \forall x{\sim}P(x))$ é uma fórmula válida.
(d) Qualquer fórmula β, da LPPO, é consequência lógica da fórmula $(\exists xP(x) \vee \exists x{\sim}P(x))$.

11. Mostre que a fórmula $(\exists xP(x) \vee \exists xQ(x)) \rightarrow (\exists xP(x) \vee Q(x))$ é teorema do Sistema de Tableaux Semânticos apresentado.

12. Mostre que: a fórmula $\exists x((P(x) \wedge Q(x) \vee R(x))$ é dedutível do conjunto $\Gamma = \{\forall xP(x), \forall xQ(x)\}$.

13. Mostre que a fórmula $(\exists xP(x) \vee \exists xQ(x)) \rightarrow \exists x(P(x) \vee Q(x))$ é teorema do Sistema Dedutivo de Tableaux Semânticos para a LPPO.

14. Mostre que:

(a) $\forall x(P(x) \wedge Q(x) \models \forall x((P(x) \vee R(x)) \rightarrow (Q(x) \vee R(x))$
(b) $\sim(\forall x(P(x) \rightarrow \sim \exists xQ(x)) \models \exists xP(x) \wedge Q(x))$
(c) $\exists x \forall yP(x, y) \models \forall y \exists xP(x, y)$
(d) $\exists x \forall yP(x, y) \models \forall x \exists yP(x, y)$
(e) $\exists x \forall yP(x, y) \models \forall x \exists yP(y, x)$

15. Admitindo que α e β sejam fórmulas da linguagem da LPPO, e que Γ seja um conjunto de fórmulas da LPPO, classifique como V ou F as seguintes afirmações, justificando sua resposta:

(a) Nem toda fórmula (da LPPO) inválida é satisfazível.
(b) Se α for insatisfazível, então $\alpha \models \beta$, qualquer que seja β.
(c) Se β for uma fórmula válida, então $\alpha \models \beta$, qualquer que seja α.
(d) Se β for uma fórmula válida, então $\Gamma \models \beta$, qualquer que seja Γ.

16. Mostre que a fórmula $\forall x(P(x) \rightarrow q(x)) \rightarrow (\exists xp(x) \rightarrow \forall xq(x))$ é inválida e satisfazível.

17. Utilizando o Sistema Dedutivo de Tableaux Semânticos, verifique quais das fórmulas abaixo são fórmulas válidas da LPPO. Justifique sua resposta

a) $\forall x(P(x) \rightarrow Q(a)$
b) $P(a) \rightarrow \exists xP(x)$
c) $P(a) \rightarrow \forall x(P(x)$
d) $\forall x(P(x) \rightarrow \exists xP(x)$
e) $\exists x \exists y P(x, y) \rightarrow P(a, a)$
f) $\forall x \forall y P(x, y) \rightarrow P(a, a)$
g) $\forall x(P(x) \vee Q(x)) \rightarrow (\forall x(P(x) \vee \forall xQ(x))$
h) $(\forall x(P(x) \vee \forall xQ(x)) \rightarrow \forall x(P(x) \vee Q(x))$

18. Dadas as fórmulas α: $\forall x(P(x) \rightarrow Q(x))$ e β: $(\exists xP(x) \rightarrow (\forall xQ(x))$, mostre que β não é consequência lógica de α no Sistema de Tableaux Semânticos para a LPPO.

19. Utilizando Tableaux Semânticos,verifique se as seguintes fórmulas são equivalentes.

a) $\exists x(P(x) \rightarrow Q(x))$ e $(\forall x(P(x) \rightarrow \exists xQ(x))$
b) $(\exists xP(x) \rightarrow \forall xQ(x))$
c) $\forall x(P(x) \rightarrow Q(x))$

20. Classifique as afirmações abaixo como verdadeiras ou falsas:

a) Se α é uma fórmula válida, então existe tableau fechado associado a α.
b) Se α é uma fórmula válida, então pode existir tableau aberto associado a α.
c) Se α não é uma fórmula válida, então não existe tableau fechado associado a α.
d) Se α não é uma fórmula válida, então todo tableau associado a α é aberto.
e) Se existe tableau associado a α fechado, então α é uma fórmula válida.
f) Se existe tableau associado a α que é aberto, então não se pode concluir que α não é uma fórmula válida.
g) Se todo tableau associado a α é aberto, então α não é uma fórmula válida.

21. Mostre que a fórmula abaixo é teorema do Sistema Tableau para a LPPO.

$$\exists xP(x) \rightarrow Q(x)) \rightarrow (\forall xP(x) \rightarrow \exists xQ(x))$$

22. Dada a proposição:

Todo aluno está matriculado em no mínimo duas disciplinas.

escreva-a na linguagem da LPPO, utilizando a seguinte convenção:

A(x): x é aluno.
D(x): x é disciplina
M(x,y): x está matriculado em y
I(x,y): x é igual a y

23. Prove, no Sistema de Tableaux Semânticos, que:

a) $\vdash \forall x(P(x) \vee \exists xQ(x)) \rightarrow \exists xP(x) \vee \exists xQ(x))$
b) $\exists x \forall yP(x, y) \vdash \forall x \exists yP(y, x)$

24. Prove, no Sistema de Tableaux Semânticos, que $\exists x(P(x) \vee Q(x))$ é dedutível de $\exists x(P(x) \vee \exists xQ(x)$.

25. Mostre que a fórmula $\forall x \forall yP(x, y)$ é satisfazível. Justifique a sua resposta.

26. Escreva na linguagem da LPPO as seguintes proposições, explicitando a convenção utilizada:

(A) Apenas números pares são divisíveis por 2 e 3 ao mesmo tempo.
(B) No mínimo três candidatos foram classificados.

27. Prove, via Sistema de Tableaux Semânticos que a fórmula $\exists x \sim Q(x)$ é dedutível de $\{\forall x(Q(x) \rightarrow P(x)), \forall x \sim P(x)\}$

28. Exiba uma estrutura na qual a fórmula $\exists x \forall yR(x, y) \leftrightarrow \forall y \exists xR(x, y)$ seja falsa.

29. Prove, no Sistema Tableaux Semânticos, que:

$$\vdash \forall xP(x) \vee \forall xQ(x)) \rightarrow \exists x(P(x) \vee Q(x))$$

30. Dado o argumento que se segue, faça o que se pede em cada item:

Todos os racionais são reais.
Nem todos os racionais são inteiros.
Logo, nem todos os reais são inteiros.

(A) Escreva-o na linguagem da LPPO, utilizando a convenção abaixo:

P(x): x é nº inteiro
Q(x): x é nº racional
R(x): x é nº real

(B) Responda: O argumento é válido? Em caso afirmativo, prove, via Sistema Dedutivo de Tableaux Semânticos, que a conclusão é dedutível do conjunto de premissas.

Capítulo 11
Raciocínio Lógico – LPPO

'O único homem que está isento de erros, é aquele que não arrisca acertar'.
Einstein

1. Admitindo-se que α seja a proposição: 'Nem todas as máquinas apresentaram defeito em todos os testes'; qual das proposições abaixo é equivalente a α?

β: Pelo menos uma máquina não apresentou defeito em pelo menos um teste.
φ: Pelo menos uma máquina não apresentou defeito em todos os testes.
θ: Pelo menos uma máquina apresentou defeito em pelo menos um teste.
λ: Pelo menos uma máquina apresentou defeito em todos os testes.

Resposta: $\sim\forall x(M(x)\rightarrow\forall y(T(y)\rightarrow D(x,y)))$ é equivalente a $\exists x(M(x)\wedge\exists y(T(y)\wedge\sim D(x,y))$
Ou seja: β: Pelo menos uma máquina não apresentou defeito em pelo menos um teste.

2. Admitindo-se que α seja a proposição 'Todos os empregados recebem vale-transporte ou vale-refeição': determine qual das sentenças abaixo é consequência lógica de α.

β: Todo empregado que não recebe vale-transporte recebe vale-refeição.
φ: Algum empregado recebe vale-transporte e vale-refeição.
θ: Algum empregado recebe vale-transporte e não recebe vale-refeição.
λ: Todos os empregados recebem vale-transporte ou todos os empregados recebem vale-refeição.

Resposta: β: Todo empregado que não recebe vale-transporte recebe vale-refeição.

3. Admitindo-se que α seja a proposição: 'todos os funcionários falam inglês ou francês', determine qual das proposições abaixo é consequência lógica de α.

β: Todo funcionário que não fala francês fala inglês.
φ: Algum funcionário fala inglês.
θ: Algum funcionário fala francês.
λ: Todos os funcionários falam inglês ou todos os funcionários falam francês.

Resposta: β: Todo funcionário que não fala francês fala inglês.

4. Uma determinada empresa possui uma equipe de guias turísticos. É sabido que uma condição necessária para que um indivíduo x seja guia turístico de tal empresa é que x fale inglês ou francês; e uma condição suficiente é que x tenha diploma de curso superior em turismo ou em letras. Sabe-se que Rui é guia turístico da referida empresa. A partir dessas informações é correto concluir que:

(a) Se Rui não fala inglês, então Rui fala francês.
(b) Se Rui fala inglês, então Rui fala francês.
(c) Rui tem diploma de curso superior em turismo ou letras.
(d) Rui tem diploma de curso superior em turismo e letras.

Resposta: (a)

5. No final de um ano letivo em um colégio constatou-se que em uma certa turma:

Nem todos os alunos aprovados em Matemática foram aprovados em Física. Nenhum aluno reprovado em Física foi aprovado em Química.

A partir destas informações é correto concluir que:

( ) Existe aluno que foi aprovado em Matemática e reprovado em Química.
( ) Qualquer aluno que foi aprovado em Matemática foi reprovado em Química.
( ) Qualquer aluno que foi aprovado em Química foi reprovado em Matemática.
( ) Nem todo aluno aprovado em Matemática foi reprovado em Química.

Resposta: Existe aluno que foi aprovado em Matemática e reprovado em Química.

6. Dado o argumento abaixo, mostre que a conclusão é consequência lógica das premissas:

Nenhum aluno do Curso S foi reprovado em todas as disciplinas.
Juca é aluno do curso S.
Logo, Juca foi aprovado em pelo menos uma disciplina.

Convenção:	Simbolização das premissas e conclusão:
A(x): x é aluno do curso S	$\sim\exists x(A(x)\wedge\forall y(D(y)\rightarrow Ap(x,y))$
D(x): x é disciplina	$A(j)$
Ap(x,y): x foi aprovado em y	Logo, $\exists y(D(y)\wedge Ap(j,y))$
j: Juca	

$$\sim\exists x(A(x)\wedge\forall y(D(y)\rightarrow Ap(x,y))$$
|
$$A(j)$$
|
$$\sim\exists y(D(y)\wedge Ap(j,y))$$
|
$$\forall x\sim(A(x)\wedge\forall y(D(y)\rightarrow Ap(x,y))$$
|
$$\sim(A(j)\wedge\forall y(D(y)\rightarrow Ap(x,y))$$
/ \

$\sim A(j)$ x $\quad$ $\sim\forall y(D(y)\rightarrow Ap(j,y))$
|
$$\exists y\sim(D(y)\rightarrow Ap(j,y))$$
|
$$\sim(D(a)\rightarrow Ap(j,a))$$
|
$$D(a)$$
|
$$\sim Ap(j,a))$$
|
$$\forall y\sim(D(y)\wedge Ap(j,y))$$
/ \

$\sim D(a)$ x $\quad$ $Ap(j,a))$ x

7. Mostre que os argumentos abaixo são válidos:

a) Helena gosta somente de homens educados.

Quem gosta de Flávio, gosta de Alceu.
Helena gosta de Alceu.
Logo, Alceu é um homem educado.

Simbolização das premissas e conclusão:

$\forall x(G(h,x) \rightarrow E(x))$
$\forall x(G(x,f) \rightarrow G(x,a))$
$G(h,a)$
Logo, $E(a)$

$$\forall x(G(h,x) \rightarrow E(x))$$
|
$$\forall x(G(x,f) \rightarrow G(x,a))$$
|
$$G(h,a)$$
|
$$\sim E(a)$$
|
$$G(h,a) \rightarrow E(a)$$
/ \
$\sim G(h,a)$ $E(a)$
x x

b) Quem apoia Ivan, vota em João.

Antônio votará apenas em quem for amigo de Hugo.

Para quaisquer dois indivíduos x e y, se x for amigo de y, então y é amigo de x. Nenhum amigo de Caio é amigo de João.

Hugo é amigo de Caio.

Logo, Antônio não apoiará Ivan.

Simbolização das premissas e conclusão:

$\forall x(A(x,i) \rightarrow V(x,j))$
$\forall x(V(a,x) \rightarrow Am(x,h))$
$\forall x \forall y(Am(x,y) \rightarrow Am(y,x))$
$\sim \exists x(Am(x,c) \wedge Am(x,j))$
$Am(h,c)$
Logo, $\sim A(a,i)$

```
                 ∀x(A(x, i)→V(x, j))
                          |
                ∀x(V(a, x)→Am(x, h))
                          |
             ∀x∀y(Am(x, y)→Am(y, x))
                          |
             ~∃x( Am (x, c) ∧ Am (x, j))
                          |
                      Am (h, c)
                          |
                      ~ ~A (a, i)
                          |
                       A (a, i)
                          |
             ∀x~(Am (x, c) ∧ Am (x, j))
                          |
              ~(Am (h, c) ∧ Am (h, j))
                        /   \
          ~ Am (h, c)       ~ Am (h, j))
               x                 |
                        V(a, j)→Am (j, h))
                              /   \
                     ~ V(a, j)     Am (j, h))
                          |            |
          (A(a, i)→V(a, j))        ∀y(Am(j,y)→Am(y, j))
               /   \                      |
        ~A(a, i)   V(a, h))         Am(j, h)→Am(h, j))
           x          |                  /   \
              A(a, i)→V(a, j))   ~ Am(j, h)   Am(h, j))
                 /      \             x           x
           ~A(a, i)    V(a, j))
              x           x
```

Bibliografia

Barwise, J. Handbook of Mathematical Logic. North Holland, 1977.

Beth, E. Semantic Entailmentand Formal Derivability, North Holland, 1955.

Bochénski, I. M. Historia de la Logica Formal. Ed. Gregos,1985.

Carnielli, W. A. e Epstein, R. L. Pensamento Crítico: O poder da lógica e da argumentação. São Paulo. Editora Rideel, 2011.

Chang, C.L., Lee R.C.T. Symbolic Logic and Mechanical Theorem Proving. Academic Press 1973.

Copi, I.M. Introdução à Lógica. Editora Mestre Jou, 1981.

Copi, I. M. SymbolicLogic.MacmillanCompany, 1954.

Costa, N.C.A. Ensaio sobre os Fundamentos da Lógica..Editora HUCITEC, 1994

Dalen, D. van. *LogicandStructure*. 3.ª ed., Nova York: Springer-Verlag, 1980.

Gallier Jean H. *Logic For Computer Science*. Wiley, first edition, 1986.

Hilbert. D y Ackermann. Elementos de lógica teórica. Editorial Tecnos, Madrid, 1962

Hintikka, J. Form and Content in Quantification Theory. Acta Philosophica Fennica 8, 1955, pp. 7-55.

Enderton, H.B. A Mathematical Introduction to Logic. Academic Press, 1972.

Hegenberg, L. Lógica: Cálculo Sentencial. EPU,1977

Hegenberg, L. Lógica, Simbolização e Dedução. EDUSP, 1975

Hodges, W. Logic An Introduction to Elementary Logic. Pelican Books,1977.

Krause, D. Introdução aos fundamentos axiomáticos da ciência. São Paulo: E.P.U. (Editora. Pedagógica e Universitária), 2002.

Machado, N.J. e Cunha, M.O. Lógica e linguagem cotidiana Verdade, coerência,comunicação, argumentação. Autêntica Editora, 2005.

Mates, B.. *Lógica Elementar.* São Paulo: Editora Nacional e Editora da USP, 1967.

Mendelson, E. Introduction to Mathematical Logic. D. Van Nostrand, 1987.

Nolt, J., Rohatyn, D. Lógica. Makron Books, 1991.

Prawitz, D. Natural Deduction A Proof-Theoretrical Study. Dover Publications, INC, 2006

Quine, W.V. Los Métodos de La Lógica. Editorial Ariel,1962

Read, S. Thinking About Logic An Introduction to the Philosophy of Logic. Oxford University Press, 1995

Robinson, J.A. *Logic: Form and Function.* North-Holland, first edition, 1979.

Salmon W. C. Lógica. Zahar Editores. Rio de Janeiro, 1981

Schöning, U, Logic for Computer Sicentists.. John C. Cherniavsky, Georgetown University,1989

Shoenfield, J.R. Mathematical Logic.Addison-Wesley, 1967.

Silva, F. S. C; Finger, M.; Melo, A. C. V. Lógica para Computação. Cegange Learning. 2006

Smullyan, R.. *First-order logic.* Amsterdam: North-Holland, 1971

Souza, J. N. Lógica para Ciência da Computação. Editora Campus, 2002

Stangroom, J. O enigma de Einstein. Nobel Franquias S.A., 2011

Suppes, P. Introduccion a la Logica Simbolica, Compania Editorial Continental S.A.,1966

Tarski, A. Logic, Semantics, Metamathematics. Oxford, 1956.

Impressão e Acabamento
Gráfica Editora Ciência Moderna Ltda.
Tel.: (21) 2201-6662